U0163354

FERRANDI
PARIS

CHOCOLAT
巴黎费朗迪学院
巧克力宝典

法国巴黎费朗迪学院　著
[法]希娜·努哈　摄
邢彬　译

中国轻工业出版社

序言

在将近100年的时间里，**巴黎费朗迪学院**向来自全球的学生教授了烹饪的各种学科。继先前集综合性、指导性和趣味性于一身的《巴黎费朗迪学院法式糕点宝典》成功出版之后，我们现在开始将重点转向其他同样需要极高专门知识的烹饪科目上来。

还有什么主题比巧克力更迷人呢？这种独特的原料一直以来都让糕点师魂牵梦萦，令老饕们如痴如狂。无论是黑巧克力、白巧克力、牛奶巧克力还是混合了果仁糖的巧克力，都香甜美味、千变万化：巧克力块、巧克力糖果、巧克力甘纳许、巧克力蛋糕、巧克力马卡龙，以及各式巧克力甜点，不胜枚举。巧克力的无限可能，成了世界各地的烹饪专业人士和爱好者们的灵感源泉。

巴黎费朗迪学院，不仅教授传统技能，还强调创意创新，二者都是学院的教学理念。我们通过与烹饪界紧密的合作来保持二者间的平衡，使学院成为行业中的佼佼者。本书除了为读者提供美味的食谱之外，还对许多基本技巧做出了说明，给予了专业性的建议。无论是爱好者还是专业人士，任何想要探索巧克力这个让人迸发灵感话题的人，都会发现这本书的宝贵。

我由衷地感谢**巴黎费朗迪学院**同仁们的努力，让本书得以出版。在此，我要特别感谢负责协调该项目的奥黛丽·雅内（Audrey Janet），投入大量精力分享巧克力专业知识并贡献热情的学院糕点师史迪威·安东尼（Stévy Antoine）和卡洛斯·塞凯拉（Carlos Cerqueira），更要谢谢世界各地可爱的巧克力迷们！

布鲁诺·德·蒙特（Bruno de Monte）

巴黎费朗迪学院院长

目录

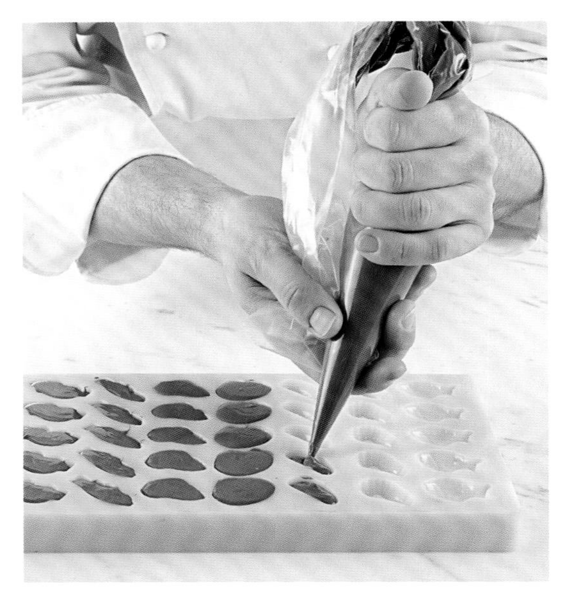

引言

巴黎费朗迪学院概览

巴黎烹饪行业的枢纽

巴黎费朗迪学院远不止一所学校，更是职业培训中心、餐厅和研究实验室。学院坐落于法国巴黎古老的圣日耳曼德佩区，面积达25000平方米，是城市里名副其实的烹饪和酒店管理中心。在近100年中，**巴黎费朗迪学院**始终都是法国乃至整个世界法式烹饪的焦点与创新交流的中心。学院与行业紧密关联，其不断革新的教学方式，让一代又一代享有盛名的厨师及烹饪和酒店从业人员受益匪浅。

巴黎费朗迪学院素来被誉为“美食界的哈佛”，是巴黎大区工商会（Chambre de commerce et d'industrie (CCI) -Paris-Île-de-France-Paris）优选学院之一，是法国境内唯一一所提供厨艺和酒店管理全学位和技能认证的学院——从职业培训到硕士学位，除此之外还有国际课程。学院的考试通过率高达98%，是法国该领域学位和认证通过率最高的学院。

与业界高度关联

巴黎费朗迪学院每年培训学徒和学员2200人，此外还有来自30多个国家的300名海外留学生，以及前往学院提升职业技能或期望转换行业的2000名成人学员。学院的数百名教职人员都是业内的资深人士，他们中的许多人都荣获过杰出烹饪奖项和荣誉——比如法国最佳手工业者（*Meilleurs Ouvriers de France*）头衔，且所有人都拥有烹饪领域十年以上的工作经验，都有在法国和海外知名餐厅的工作经历。为了能最大程度地给学生创造机会，与其他行业和国家产生联系，学院与数家机构建立了合作伙伴关系。在法国，伙伴学院有欧洲高等商学院（ESCP Europe）、巴黎高科农业学院（AgroParis Tech）和法国时尚学院（Institut Français de la Mode）；在海外，学院与美国约翰逊与威尔士大学（Johnson and Wales University）、加拿大魁北克旅游与酒店管理学院（ITHQ）、中国香港理工大学（Hong Kong Polytechnic University）以及中国澳门旅游学院（Institute for Tourism Studies）等建立了合作关系。由于理论应与实践齐头并进，加之**巴黎费朗迪学院**在教学中始终努力追求卓越，学生因此有机会通过与法国数个主要烹饪协会的伙伴关系参加一系列官方活动，比如加入法国烹饪大师协会（Maîtres Cuisiniers De France）、法国最佳工业者协会（Société des Meilleurs Ouvriers de France）、欧洲厨师帽协会（Euro-Toques）等。除此之外，学院还有多个著名的职业竞赛和奖项，让学生有机会展示技能和学识。

从糕点到巧克力

在之前出版的《巴黎费朗迪学院法式糕点宝典》中，学院曾分享过专业性知识，与业界专业人士共同实践、密切合作，内容面向职业和家庭厨师。这本畅销书荣获了美食家世界烹饪图书大奖（Gourmand World Cookbook Award），成功地激励了学院再次敞开大门——这次将传授高度专业化的巧克力知识，也可以称为巧克力制作的艺术，用整本书专门详尽地书写该主题。

巧克力的一切！

巧克力具有魔力，令全世界无数人为之痴狂，在甜味中占有独特的地位。巧克力历史悠久，制造工艺复杂，需要高度专业化的制作技巧和各种奇思妙想。在糕点师和巧克力师手中，无论是致敬经典还是延伸创造力，巧克力可以变幻成无数令人无法抗拒的甜点——从夹心巧克力到精致无比的糕点。在这本书中，探究了黑巧克力、牛奶巧克力和白巧克力的方方面面，无论是身在家中还是人在职场，你都可以精进个人的巧克力制作技能。没人能拒绝巧克力蛋糕的诱惑，**巴黎费朗迪学院**也不例外。别忘了，最严苛的要求是为了终极的享受与热爱。

FERRANDI
PARIS
FERRANDI
PARIS

工具和设备

厨房用具

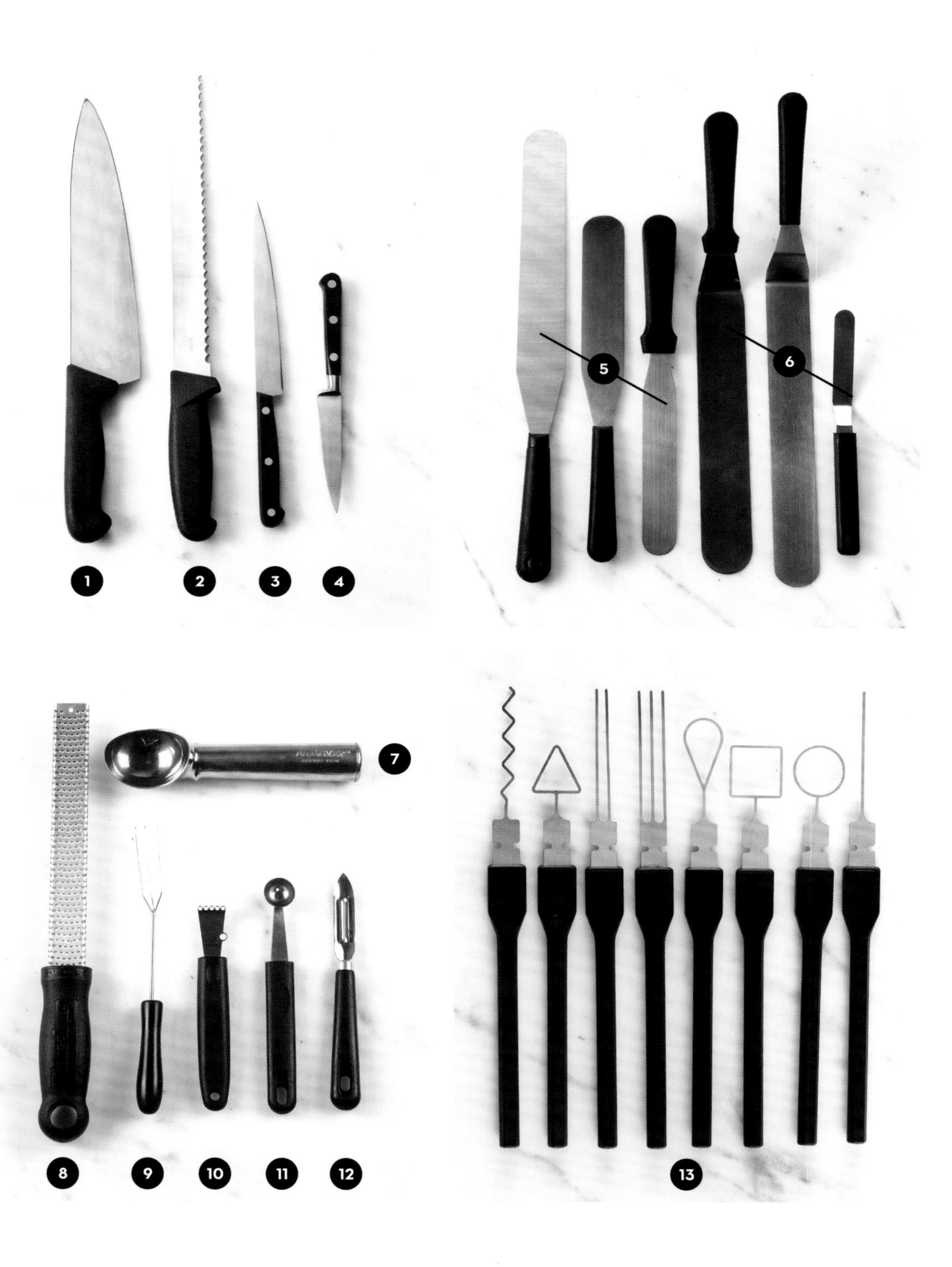

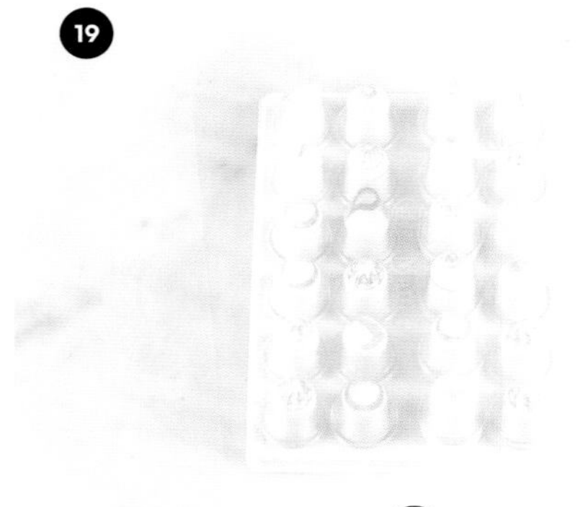

1 主厨刀
2 锯齿刀
3 长而薄刃的刀（切片或剔骨刀）
4 削皮刀
5 铲刀或直柄糖霜抹刀
6 带倾斜度的铲刀或曲柄抹刀
7 冰淇淋勺
8 磨碎器
9 巧克力浸叉
10 带槽刀的削皮器
11 水果挖球器
12 去皮器
13 各式浸叉（锯齿形、三角形、双齿、三齿、水滴形、正方形、圆形、单齿）
14 碗用刮刀
15 耐热硬胶刮勺
16 软头刮刀
17 法式或加长搅拌器
18 不锈钢巧克力切割机
19 一次性裱花袋（比可反复使用的裱花袋更卫生）
20 裱花嘴（最好为聚碳酸酯材质）
21 保鲜膜
22 食品玻璃纸围边
23 食品玻璃纸
24 烘焙纸

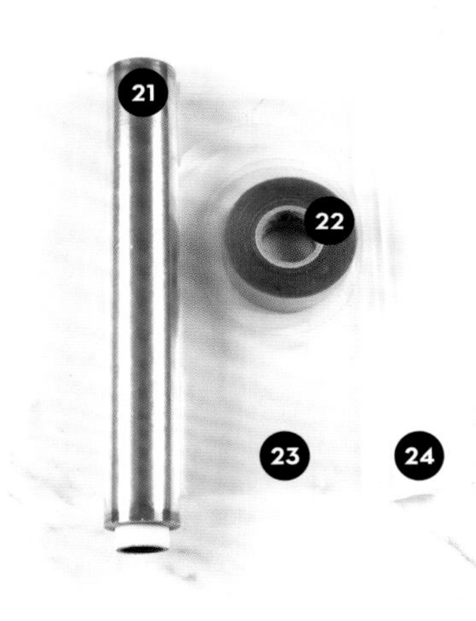

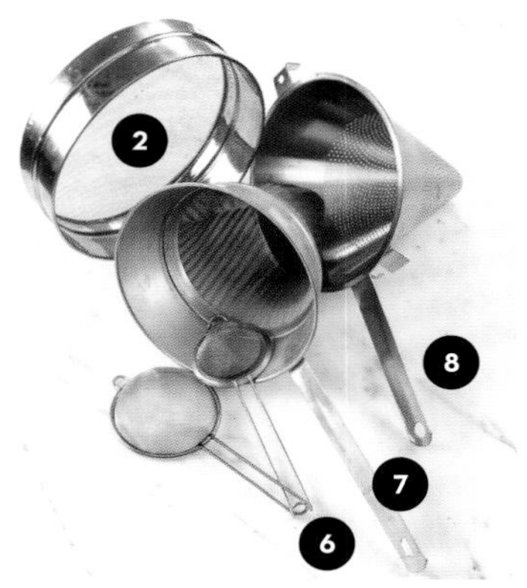

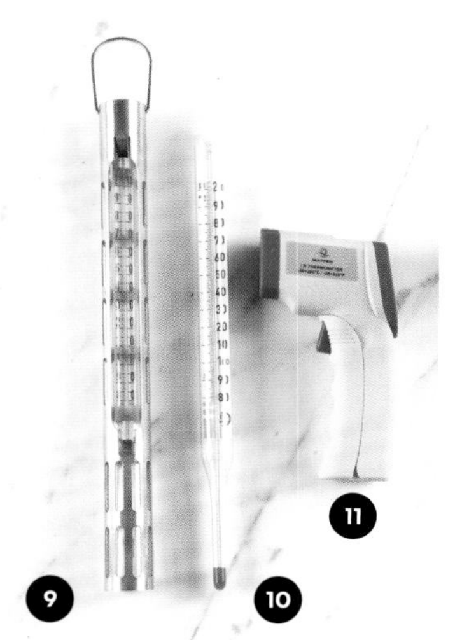

❶ 擀面杖
❷ 网筛
❸ 面团滚针（为面团扎出小孔）
❹ 糕点刮板
❺ 花钳（用于装饰馅饼和派的边缘）
❻ 小号细网筛或过滤网
❼ 细网过滤筛
❽ 粗网过滤筛
❾ 糖果温度计（80~220℃）
❿ 制作奶油酱使用的玻璃制牛奶温度计（-10~120℃）
⓫ 红外温度计（-50~280℃）或电子即时读数温度计
⓬ 平底不锈钢搅拌碗

电器设备

❶ 立式搅拌机及配件：揉面钩（A）、打蛋笼（B）、平搅器（C）

❷ 食物料理机及搅拌刀头，也称作S形刀片或搅拌叶片

❸ 食物料理棒

❹ 巧克力融化炉，用于融化巧克力及保持所需温度

❺ 厨房用电子秤

模具及烘焙配件

❶ 不锈钢或不粘吐司模具
❷ 布里欧修模
❸ 铜制卡纳蕾模
❹ 圆形不粘蛋糕烤盘
❺ 带凹槽的不粘馅饼烤盘
❻ 不锈钢或不粘夏洛特模
❼ 不锈钢玛德琳蛋糕模
❽ 各种软性硅胶模
❾ 小型巧克力模具，巧克力贝壳模，巧克力块模
❿ 甜点或蛋糕圈
⓫ 圆形馅饼圈
⓬ 正方形油酥糕点、蛋糕或巧克力模
⓭ 长方形油酥糕点、蛋糕或巧克力模
⓮ 硅胶烤垫
⓯ 长方形不锈钢冷却架
⓰ 圆形不锈钢冷却架
⓱ 不锈钢烤盘
⓲ 不锈钢冲孔烤盘
⓳ 不锈钢糖果冷却密孔网格

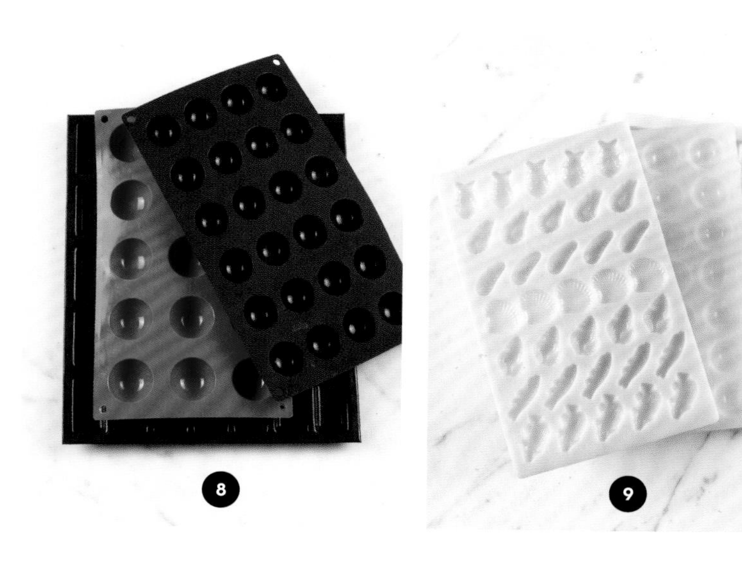

注意：使用新的厨房用具，特别是需要组装的设备时，请务必仔细阅读使用说明，以保证工具高效运转，同时避免潜在伤害。

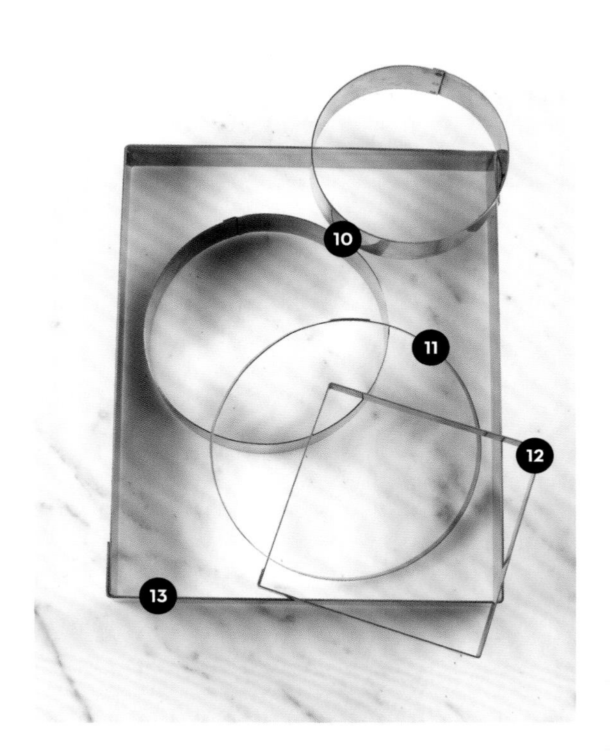
10
11
12
13

EXOPAT MATFER
EXOPAT MATFER
J 41
14

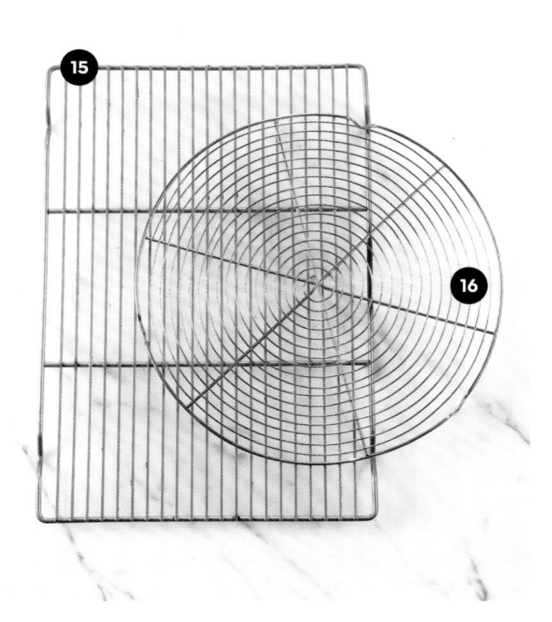
15
16

19
18
17

巧克力的基础知识

艺术家和巧克力爱好者约翰·图利乌斯（John Q. Tullius）说："十个人中有九个都爱巧克力，那一个说不爱的肯定在说谎！"没有哪种食物能像巧克力这般诱惑我们的味蕾，激发我们的创造力。迷人的纹理组合以及味道让巧克力出现在各式各样美味的甜品中，而这一切则是风土条件、常年的知识积累和专门技术的复杂成果。

众神的食物

可可树，学名*Theobroma cacao* L.，希腊语中有"众神食物"的意思，指这种植物的早期用途，现墨西哥仍在沿用。对于玛雅人和阿兹特克人来说，可可是神圣的。大约3000年前，可可树实现了人工培育，备受美索不达米亚文明的推崇，其果实在经济和宗教中起着极其重要的作用。对于阿兹特克人来说，巧克力（*xocolatl*）是种庆典饮品，为显贵和勇士专享。那时巧克力的味道与现在的巧克力完全不同：苦苦的，除了添加有香草和蜂蜜以外，还配有调味性食材，比如玉米粉、胡椒、鲜花和红番椒。相传，1519年，阿兹特克皇帝蒙特祖玛（Montezuma）曾用高脚杯中盛装的巧克力款待过西班牙征服者荷南·科尔蒂斯（Hernán Cortés），如果传说属实，科尔蒂斯初尝时一定不怎么喜欢。人们认为，1528年，科尔蒂斯带了些巧克力回到西班牙，奉于国王查理五世。不管这些可可豆究竟是怎么传入的，西班牙宫廷迅速开始痴迷于这种巧克力饮品，并称其具有药用性，于是巧克力开始逐渐征服整个欧洲。17世纪的英格兰，建造了许多"巧克力屋"，为富人提供热巧克力。到了18世纪，巧克力饮品也开始在美洲殖民地流行起来，不过与欧洲不同的是，所有阶层的人都能喝得起。

一直到19世纪，巧克力都仅以液体形式存在，享用者多为拥有特权的精英阶层。不过，1828年发生了颠覆性的变化，荷兰化学家科恩拉德·约翰内斯·梵·豪登（Coenraad Johannes Van Houten）研发出了从巧克力液中提取可可脂、用液压机制造可可粉的工艺。这种发现让巧克力从仅仅能喝转变为可以食用。1847年，英国巧克力制造商约瑟夫·弗莱（Joseph Fry）生产出第一块固体巧克力。1879年，瑞士巧克力大师鲁道夫·莲（Rodolphe Lindt）创造了混合搅拌工艺，使巧克力丝滑细腻。1875年，牛奶巧克力首次在瑞士亮相，而在大西洋的另一端，米尔顿·赫尔希（Milton S. Hershey）开发出了独创的牛奶巧克力配方，并找出了量产的方法。19世纪的这些发明和创造，使巧克力从小众的奢侈品转变成大家都可以享受的零食，20世纪则见证了巧克力的广泛消费。

可可树（cacao）与可可豆（cocoa）

英语中，这两个术语是通用的，也是产生混淆的根源。在巧克力产业中，"cacao"更多地是指可可树（即*Theobroma cacao* L.），以及产自于它的原料（发酵和烘干之前的豆荚和可可豆）。在这个阶段之后，"cocoa"通常是指可可豆以及用其制作出的其他原料，比如可可粉和可可脂。

可可树的不同种类

可可树生长于亚马孙地区，喜欢炎热和潮湿，只有在赤道气候下才会茂盛茁壮。今天，可可树主要生长在西非、拉丁美洲和亚洲。象牙海岸的可可树占世界总产量的30%，巴西和印度尼西亚分别占大约10%。和葡萄酒一样，不仅可以用不同种类的果实来制作巧克力，风土本身也会给最终的成品带来不同的口味和香气。可可豆的转化过程（包括发酵、烘干、焙烤）则会进一步增强差异化。

可可树的主要品种

福拉斯特洛（Forastero）

福拉斯特洛可可豆占全世界可可豆总产量的80%。这种可可豆主要生长于非洲、巴西以及赤道和圭亚那之间的狭长地带。这种强壮高产的品种富含单宁，比其他种类的可可豆更苦涩一些。

克里奥洛（Criollo）

克里奥洛可可豆仅占全球可可豆总产量的5%，相较于其他品种而言，较易受病害侵袭。这种可可豆主要生长于中美洲和亚洲。克里奥洛可可豆的单宁含量低，具有特殊的芳香，吃起来有红色浆果和坚果的味道，是最受推崇和最为昂贵的品种。

特里尼塔里奥（Trinitario）

特里尼塔里奥可可豆占世界可可豆总产量的15%，是克里奥洛与福拉斯特洛可可豆的杂交品种。这种可可豆适应性强，产量略低于福拉斯特洛，具有特殊的芬芳和独特的味道。

从可可豆到巧克力块

可可树的高度介于4~10厘米，全年开花，因此果实产量并不是严格地按照季节性划分。果实或豆荚呈黄色、红色、橙色，或略带青色，长度为15~30厘米。每个豆荚中有30~40粒可可豆。

一切由豆荚开始

可可豆荚成熟时采摘，剖开取出种子或可可豆。随后，可可豆会在木箱中发酵，包裹在豆子外边的白色果肉逐渐消融，豆子的颜色慢慢变深，风味形成。接下来，要将可可豆烘干，以阻止进一步发酵。然后就可以将可可豆打包后运送到全世界的制造商手中，加工生产成巧克力。

焙烤和研磨

可可豆进入工厂后，会被分类和清洗去除杂质。随后用红外线加热豆子，杀灭细菌，同时令外壳更易剥除。接下来，可可豆会放入100~150℃的可旋转烤箱中焙烤，来进一步增强其风味。烘烤后，会将可可豆弄碎并风选去除外壳，剩下的可可豆碎则磨成黏稠的膏状，即巧克力液（或可可浆）。在这个阶段，要么压榨巧克力液分离出可可脂和可可粉，要么直接与其他原料一起制作成巧克力。

混合、搅拌和调温

到了这一步，就可以在可可液中添加糖、额外的可可脂还有牛奶等原料。完全混合并细细研磨后，会将混合物放入巧克力搅拌揉捏机中进行混

合、融合，使其充满空气，并加热很长一段时间。这个关键性步骤会完全发展出巧克力的香气和风味，同时使巧克力的质地和口感更加顺滑。

一些巧克力制作者在这个阶段会添加乳化剂（比如大豆或向日葵卵磷脂）或香料（通常大部分为香草或香兰素）。接着，会将巧克力调温使其耐储存、更清脆。最后，将其制作成不同的形状，比如经典的巧克力块。

巧克力的不同种类

可可的百分比可以告诉我们巧克力中的可可豆含量，包括巧克力液和任何添加的可可脂。这个百分比不能决定巧克力的味道或质量，就像葡萄酒中的酒精含量不能告诉我们酒的味道一样。实际上，味道取决于许多因素：可可豆的品种，发酵、焙烤和搅拌的工艺都会决定口味的调性（木质、花香、果香等）。学习品尝巧克力，可以帮助你找到最符合自己想象和食谱中需要用到的巧克力。考虑到这些差异，如果食谱中需要某种特殊的巧克力，任何替代物都会对成品产生显著的影响。

黑巧克力

黑巧克力是最基础的形式，由巧克力液和糖制成，大多数制作者都会额外添加可可脂。在美国，黑巧克力没有法规上的定义，苦甜和半苦甜巧克力都属于该类别。在欧洲，黑巧克力必须至少含有35%的巧克力液，包括至少33%的可可脂。一些巧克力制作者会添加大豆或向日葵卵磷脂。

牛奶巧克力

牛奶巧克力由巧克力液、可可脂、糖、牛奶固形物组成，通常会添加卵磷脂和香草。在美国，牛奶巧克力必须包含至少10%的巧克力液，然而欧洲法规规定至少应为25%。在英国、爱尔兰和马耳他，巧克力液的含量达到20%即可。

白巧克力

白巧克力由可可脂、糖和奶粉组成，是唯一一种不含可可固形物的巧克力（可可脂提取后脱脂固态物仍留在巧克力液中）。香草是最常用的调味剂。在欧洲和美国，白巧克力都必须至少含有20%的可可脂和14%的牛奶固形物。

考维曲巧克力

考维曲巧克力富含可可脂，因此比其他巧克力更易融化，流动性也更强。考维曲巧克力放凉后，口感更加顺滑细腻。巧克力制作者和巧克力大师会用调温后的考维曲巧克力制作各种各样的糖果，如塑形巧克力和巧克力块，也会用其浸蘸糖果。

可可膏

可可膏在法语中写作*pâte de cacao*，是纯质巧克力，即无添加的、碾磨的巧克力碎，制作工序中通常用来指代巧克力液。可可膏有不同形式，包括块、饼、片和烘焙用的条块。在英语世界中，可以找到以无糖可可、可可酱、可可（或巧克力）液和可可（或巧克力）块命名的可可膏。尽管术语众多，基本的原则始终不变，即无论所买的产品名称如何，一定要确保可可含量为100%。

其他巧克力

近年来，巧克力世界中出现了许多创意。无论是单一品种的巧克力，还是从可可豆到巧克力块的纯手工巧克力，有越来越多的巧克力可供品尝。

关于其他的植物性脂肪

从2000年开始，欧盟开始允许往巧克力中添加其他种类的植物性脂肪来代替可可脂，包括乳木果油、芒果脂和雾冰草脂，但不能超过总重量的5%。购买巧克力时请务必查看标签，尽量选择可可脂含量为100%的产品。

巧克力的储存

要想最大限度地保持巧克力的品质，需将其放入不透明的密封容器中，保存于阴凉干燥处。由于巧克力中有可可脂，很容易吸味，所以必须妥善地密封起来。巧克力不耐潮（因此不建议放入冰箱中冷藏）也不喜光，二者都会影响其保存期限和质地，导致巧克力随着时间的推移而丧失脆度。

调温：关键的一步

为了达到理想的效果，巧克力的制作需要精确，同时要完全了解可可脂的结晶过程。调温是制作巧克力时的一个重要步骤，可以稳定巧克力中的可可脂。这样做有助于确保成形后的巧克力富有光泽，掰断时有清脆的啪嗒声。未经调温的巧克力看起来很晦暗，或者有难看、混浊的白色，质地黏稠易碎，不易保持形状。要制作巧克力糖果或塑形巧克力，首先要掌握好巧克力的调温技巧。准备一支温度计，多多练习，找到最适合自己的调温方式。

巧克力调温的关键步骤

尽管巧克力调温有不同的方式，可都会遵循相同的基本步骤。首先，巧克力必须是融化的，然后放凉至给定的温度，此时可可脂会开始结晶。巧克力必须再次加热至可可脂开始再次流动且易于制作的温度。调温巧克力变硬时，会保持其光泽和脆度，因为可可脂会在最稳定的状态下结晶。可可脂由五种不同类型的脂肪分子构成，它们的融化温度各不相同，因此调温是唯一一种可以确保所有结晶大小一致的方式，化学上称为晶型5（Form V）。这是最为稳定的形式，可以延长巧克力的保质期，同时保持漂亮的光泽和脆度，使质地顺滑细腻。这就是制作时一定要明确不同巧克力确切温度的原因，记住黑巧克力、牛奶巧克力和白巧克力的不同调温曲线。试一试不同的巧克力调温方式吧，看看哪种最适合自己：水浴法（第26页），大理石台面法（第28、29页），或者播种法（第30、31页）。

关于比例

少量巧克力很难融化和调温，因此，最好不要减少本书食谱中的原料用量，否则成品会不尽如人意。用不完的调温巧克力在不破坏品质和质地的情况下，可放凉后下次再用。

不同巧克力的操作温度

巧克力种类	融化温度	预结晶温度	工作温度
黑巧克力	50~55℃	28~29℃	31~32℃
牛奶巧克力	45~50℃	27~28℃	29~30℃
白色或彩色巧克力	45℃	26~27℃	28~29℃

调温曲线

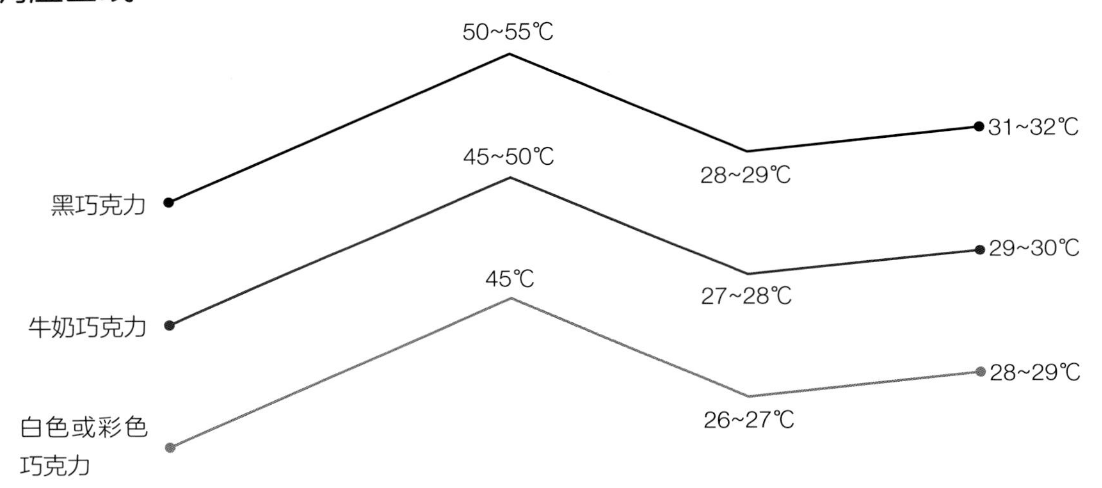

如何判断巧克力是否正确调温?

正确调温的巧克力	未充分调温的巧克力
富有光泽	黯淡无光
松脆、坚硬	一触即融
放凉后会略微收缩，易于脱模	不易脱模
味道清晰可辨	暗灰色或褪变的白色
顺滑、口感佳	颗粒感
易保存	不易保存
可以轻易地掰断	表面出油，呈现白霜

巧克力塑形的常见问题

制作时，考维曲巧克力变得黏稠	
原因	巧克力变凉（结晶）导致；混入了空气，体积增大
解决方法	加入少量热的、融化了的考维曲巧克力，或者放在诸如加热枪等热源下；避免过度搅拌，以防混入空气
成品巧克力没有光泽	
原因	巧克力调温不充分；室温或冰箱温度过低；模具或玻璃纸不干净
解决方法	室温应为19~23℃，冰箱温度为8~12℃。模具或玻璃纸必须非常干净，可以用柔软的吸水脱脂棉擦拭
巧克力无法从模具中完整地脱出，非常易碎	
原因	将冰凉的考维曲巧克力倒在温热（室温）的模具中
解决方法	严格遵守调温曲线。模具必须非常干净：用棉球擦拭。模具必须为室温（22℃）
巧克力可以脱模，但有白霜（成品色泽灰暗，收缩力差）	
原因	冰凉的考维曲巧克力倒在冰冷的模具中
解决方法	严格遵守调温曲线，监测温度。模具必须为室温（22℃）
巧克力粘在模具上，表面还有条纹	
原因	冰凉的考维曲巧克力倒在温热或高温的模具中
解决方法	严格遵守调温曲线，监测温度。模具必须为室温（22℃）
巧克力破碎开裂	
原因	成形后降温过快
解决方法	先将巧克力放在工作台上定形，然后放入8~12℃的冰箱中
巧克力变灰或变白	
原因	温热的巧克力放入过冷的冰箱中
解决方法	严格遵守调温曲线，监测温度。冰箱温度应为8~12℃
巧克力表面有斑点	
原因	模具不干净、未充分擦拭、污浊不光亮
解决方法	用棉球蘸取 90度白酒擦拭掉模具上的油污，再用干净的棉球擦干擦亮

方法与技巧

巧克力的制作

水浴法调温巧克力

Mise au Point du Chocolat au Bain-Marie

制作时间

25分钟

工具

耐热硬胶刮勺
即时读数温度计

食材

考维曲黑巧克力、考维曲牛奶巧克力或
考维曲白巧克力

1. 将巧克力切碎，放入隔热碗中，置于刚刚开始沸腾的热水锅上，搅拌至融化，黑巧克力的融化温度为50℃，牛奶巧克力和白巧克力的融化温度为45℃。

2. 当巧克力融化后，将装有巧克力的碗放入装有冰块的大盆中，搅拌降温。

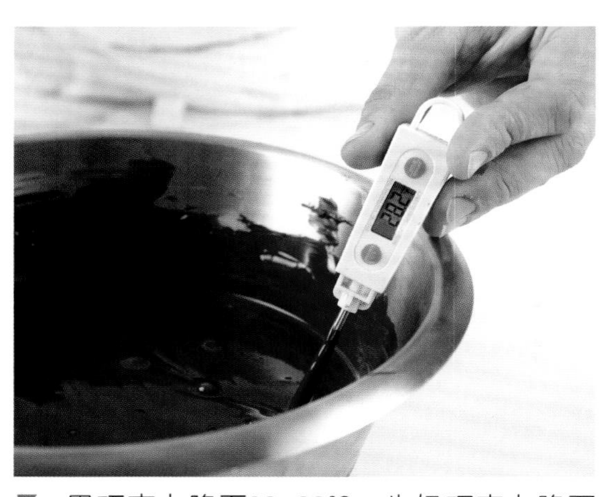

3. 黑巧克力降至28~29℃，牛奶巧克力降至27~28℃，白巧克力降至26~27℃。将碗再次放在热水锅上，使温度升高，黑巧克力升至31~32℃，牛奶巧克力升至29~30℃，白巧克力升至28~29℃。

大理石台面调温巧克力

Mise au Point du Chocolat par Tablage

制作时间

25分钟

工具

即时读数温度计
大理石板
曲柄抹刀
铲刀

食材

考维曲黑巧克力、考维曲牛奶巧克力或考维曲白巧克力

1. 将巧克力切碎，放入隔热碗中，置于刚刚开始沸腾的热水锅上，搅拌至融化，黑巧克力的融化温度为50℃，牛奶巧克力和白巧克力的融化温度为45℃。一旦融化，将2/3的巧克力倒在洁净干燥的大理石板上冷却。

2. 使用曲柄抹刀和铲刀，将巧克力由四周铲向中央。

3. 将巧克力再次摊开，重复上一步，使其冷却。

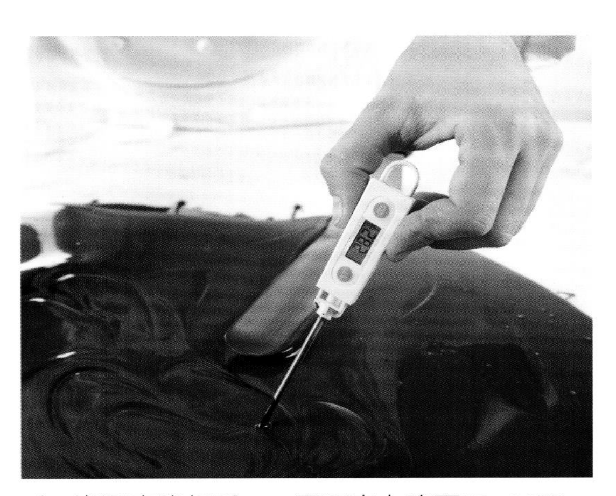

4. 当温度降低后——黑巧克力降至28~29℃，牛奶巧克力降至27~28℃，白巧克力降至26~27℃，需要再次升温。

5. 将融化的巧克力铲回盛有温热巧克力的碗中，搅拌至温度升高：黑巧克力升至31~32℃，牛奶巧克力升至29~30℃，白巧克力升至28~29℃。

播种法调温巧克力

Mise au Point du Chocolat par Ensemencement

制作时间

20分钟

工具

硅胶刮刀
即时读数温度计

食材

考维曲黑巧克力、考维曲牛奶巧克力或
考维曲白巧克力

1. 将2/3的巧克力放入隔热碗中，置于内缘刚刚开始冒细泡的热水锅上（水浴法）。用刮刀不停地搅拌，直到均匀融化，黑巧克力的融化温度为50℃，牛奶巧克力和白巧克力的融化温度为45℃。

2. 将隔热碗从锅中取出。将剩余的巧克力细细切碎，倒入已经融化的巧克力中。

3. 用刮刀搅拌至顺滑且充分混合。将巧克力降温，黑巧克力降至28~29℃，牛奶巧克力降至27~28℃，白巧克力降至26~27℃。

4. 将隔热碗放回内缘刚刚开始冒细泡的热水锅上，直到温度回升，黑巧克力的温度为31~32℃，牛奶巧克力的温度为29~30℃，白巧克力的温度为28~29℃。

巧克力块
Moulage de Tablettes au Chocolat

制作时间
15分钟

烘焙时间
15分钟

定形时间
50分钟

存放时间
用保鲜膜裹好，避光、避热、避味，最长可存放2个月

工具
即时读数温度计
一次性裱花袋
巧克力块模具

食材
调过温的考维曲黑巧克力、考维曲牛奶巧克力或考维曲白巧克力（做法详见第26~31页）
坚果（榛子、杏仁等）

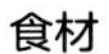

1. 将烤箱预热至150℃。将坚果撒在铺有烘焙纸的烤盘上，烘烤约15分钟。将调温巧克力倒入一次性裱花袋中，剪掉裱花袋顶端，将巧克力挤入模具中，填满。

2. 将模具在工作台上轻扣几下，以便消泡。

3. 将烘焙后冷却的坚果均匀地摆放在仍具流动性的巧克力上。

名厨笔记 CHEFS' NOTES

· 使用模具前，请仔细检查，确保模具没有损坏且完全干净，否则会影响脱模效果。用棉棒或牙签将模具彻底清理干净，尤其当模具的图案比较复杂时。

4. 静待巧克力定形收缩，脱离模具边缘。将模具翻转，倒出巧克力块。

名厨笔记 CHEFS' NOTES

· 脱模前请确保模具已恢复至室温。

夹心塑形巧克力块
Moulage de Tablettes Fourrées

制作5个巧克力块（每块300克）

制作时间
1小时

浸泡时间
30分钟

定形时间
约35分钟

冷藏时间
15分钟

存放时间
用保鲜膜裹好，放入密封容器中，在阴凉处最长可存放20天

工具
一次性裱花袋
巧克力块模具
即时读数温度计
食物料理棒
细网筛
硅胶刮刀

食材
巧克力块
调温后的考维曲黑巧克力（做法详见第26~31页）1千克

香梨夹心
威廉姆斯（巴特利特）香梨泥 150克
日本花椒 2克
柠檬汁 5毫升
黄色果胶 9克
细砂糖 140克
益寿糖 65克
葡萄糖浆 65克
香梨白兰地 30毫升

1. 将巧克力用一次性裱花袋挤入模具中，完全填满。将模具置于大碗上后翻转，让多余的巧克力流入碗中。将模具顶部刮净，静置定形，至少20分钟。

2. 将香梨泥用深底锅加热至50℃，其间不停地搅拌。倒入日本花椒，离火，浸泡30分钟。

3. 将香梨泥用细网筛过滤。

4. 将香梨泥倒回深底锅中，倒入柠檬汁，加热至70℃，其间不停地搅拌。将果胶和30克细砂糖在碗中混合后拌入梨泥中，烧开。

5. 拌入益寿糖、葡萄糖浆和剩余的细砂糖，中火沸煮2分钟。拌入香梨白兰地，放凉至28℃。

6. 将香梨泥用食物料理棒搅打成顺滑的果酱。倒入裱花袋中，挤在模具中凝固的巧克力上，完全填满。室温下凝固定形。

7. 如有必要，将考维曲巧克力再次调温，倒入裱花袋中，挤在果酱夹心上，封盖表面。

8. 用刮刀去除多余的巧克力，放入冰箱冷藏定形15分钟。

9. 将模具小心地倒扣在平滑的操作台上，脱模。

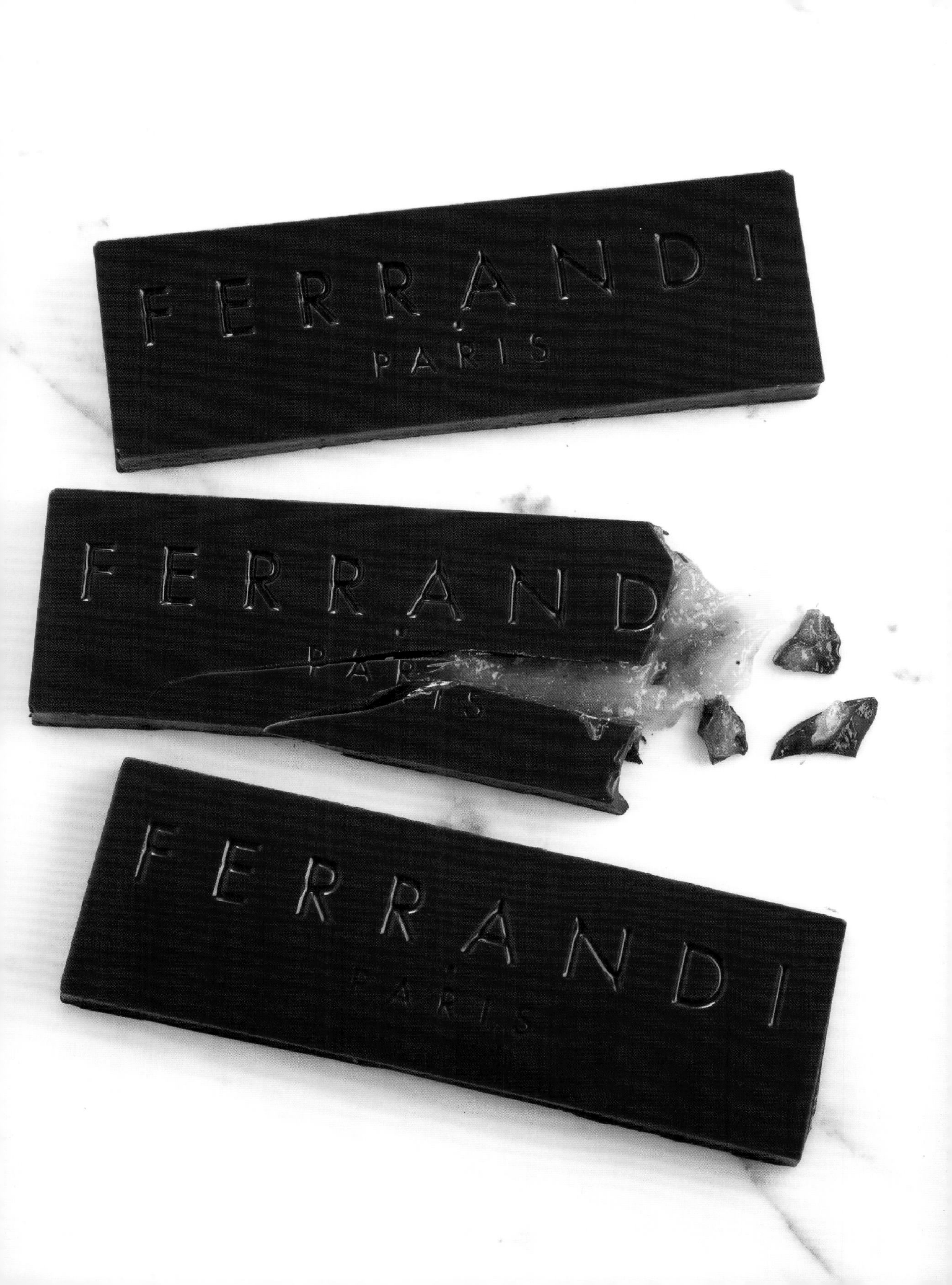

FERRANDI
PARIS

水果和坚果塑形巧克力块

Moulage de Tablettes Mendiant

制作5个巧克力块（每块300克）

制作时间
20分钟

烘焙时间
15分钟

定形时间
20分钟~1小时

存放时间
用保鲜膜裹好，放入密封容器中，在阴凉干燥处（最好为16~18℃）可存放一两个月

工具
硅胶烤垫
巧克力块模具
一次性裱花袋
即时读数温度计
硅胶刮刀

食材

巧克力块
考维曲黑巧克力 300克

水果和坚果基底
蛋清 50克
带皮生杏仁 75克
带皮生榛子 75克
生松仁 75克
盐之花 1克
去壳无盐开心果 75克
糖渍柳橙丁 75克

1. 将烤箱预热至150℃，在烤盘中铺上硅胶烤垫。将蛋清在大碗中打发至湿性发泡。倒入杏仁、榛子、松仁和盐之花，翻拌至全部均匀地裹上蛋白霜。

2. 将混合物在烤垫上均匀地铺开，烤至干燥焦黄（约15分钟），随时观察，避免烤焦。

3. 彻底晾凉后，放入大碗中。

4. 拌入开心果和糖渍柳橙丁，然后将混合物填入模具中。

5. 将考维曲黑巧克力调温（做法详见第26~31页），之后舀入裱花袋中，剪掉尖端。将巧克力挤入模具，填满至模具上缘。在阴凉处（16℃）放置1小时或放入冰箱冷藏20分钟。将模具小心地倒扣脱模。

巧克力蛋壳

Moulage de Demi-Œufs en Chocolat

制作时间

10分钟

定形时间

20~50分钟

存放时间

用保鲜膜裹好，避光、避热、避味，最长可存放2个月。

工具

即时读数温度计
巧克力半球蛋模
铲刀

食材

调过温的考维曲黑巧克力、考维曲牛奶巧克力或考维曲白巧克力（做法详见第26~31页）

1. 将调温巧克力倒入模具中，填满。要使外壳稍硬，可以事先在模具中薄薄地刷一层巧克力。

2. 将模具在工作台上轻扣几下，以便消泡。

3. 将模具翻转，让多余的巧克力流到铺在工作台的烘焙纸上。要使巧克力壳较硬，重复步骤1~3。

4. 模具仍保持正面朝下的状态，用铲刀刮平表面，将每个半球巧克力壳的边缘弄干净。

5. 将模具正面朝上，让巧克力定形约5分钟。用铲刀或主厨刀，清理巧克力的边缘，使之与模具齐平。

6. 使巧克力收缩，理想温度为18℃，或者在冰箱中放置20分钟。当巧克力壳变硬且收缩至略微脱离模具内壁时，就可以小心地倒扣脱模了。

小块塑形巧克力
Moulage de Fritures

制作时间
20分钟

定形时间
1小时

存放时间
避免高温环境（最好为16~18℃），在密封容器中可存放1个月

工具
一次性裱花袋
塑料巧克力模具（各种鱼类或者其他喜欢的造型）

食材
切碎的考维曲黑巧克力、考维曲牛奶巧克力或考维曲白巧克力

名厨笔记 CHEFS' NOTES

- 制作塑形巧克力前，要确保模具完好无损且绝对干净。如果有划损或油污，巧克力定形后就不好脱模。开始制作前，彻底清洗并晾干模具，然后用软布轻拭空槽内部。

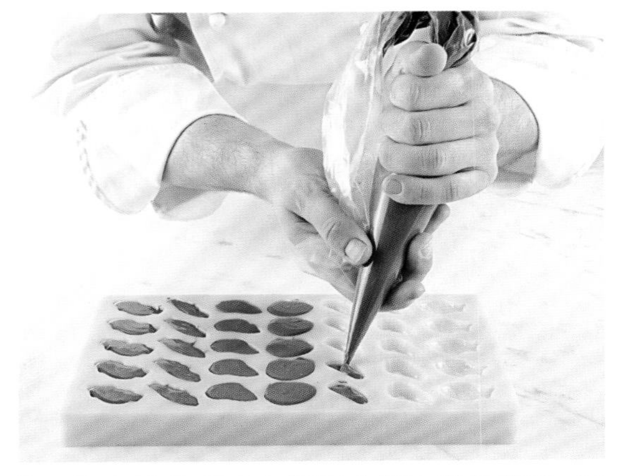

1. 将考维曲巧克力调温（做法详见第26~31页），然后舀入裱花袋中，剪掉尖端。将巧克力挤入模具中，填满，注意不要溢出。

2. 将模具在操作台上轻扣几下，以便消泡。静置定形约1小时。

3. 将模具小心地倒扣在平滑的工作台上，脱模。

巧克力酱和浇汁

巧克力甘纳许
Ganaches au Chocolat

制作大约300克

制作时间
15分钟

熬煮时间
5分钟

存放时间
冰箱冷藏可保存2天

工具
即时读数温度计
食物料理棒

食材

牛奶巧克力甘纳许
可可含量35%的考维曲牛奶巧克力碎 200克
重质掼奶油 150毫升
转化糖 10克

黑巧克力甘纳许
可可含量62%的考维曲黑巧克力碎 130克
重质掼奶油 155毫升
转化糖 10克
黄油 30克

打发的榛子杏仁糖甘纳许
可可含量40%的考维曲牛奶巧克力碎 65克
榛子杏仁糖 50克
重质掼奶油 240毫升

打发的白巧克力甘纳许
考维曲白巧克力碎 150克
重质掼奶油 240毫升
香草荚 1根（可不加）

1. 制作牛奶巧克力甘纳许：将巧克力碎放入大碗中，置于深底锅中刚刚开始冒细泡的热水上（水浴法），使其化开并加热至35℃。另取一口深底锅，将重质掼奶油和转化糖加热至35℃。

2. 将加热的奶油小心地倒在化开的巧克力上，不停地搅拌。

3. 不断搅拌，制作成非常顺滑的甘纳许。制作黑巧克力甘纳许：先按照步骤1~3进行，之后加入切成小块的冷藏黄油，用食物料理棒搅打至顺滑即可。

制作打发的榛子杏仁糖甘纳许：将巧克力碎与榛子杏仁糖混合。将70毫升重质掼奶油加热后倒在巧克力和榛子杏仁糖的混合物上，不停地搅拌，直到巧克力化开。将170毫升未加热的重质掼奶油慢慢倒入，搅拌至融合。覆上保鲜膜，放入冰箱冷藏。冷藏后再搅打，可以制作出轻盈、富有空气感的甘纳许。

制作打发的白巧克力甘纳许：在70毫升重质掼奶油中加入香草荚和香草籽（将香草荚纵向剖开，刮出香草籽，也可不加），加热，然后倒在白巧克力碎上，不停地搅拌，直到巧克力化开。之后按照打发的榛子杏仁糖甘纳许的方式制作即可。

巧克力卡仕达酱

Crème Anglaise au Chocolat

制作大约250克

制作时间

30分钟

熬煮时间

5分钟

存放时间

冰箱冷藏可保存2天

工具

即时读数温度计
耐热硬胶刮勺
细网筛

食材

全脂牛奶 100毫升
重质掼奶油 100毫升
细砂糖 30克
蛋黄 30克
可可含量64%的黑巧克力碎 50克

1. 在深底锅中，将全脂牛奶、重质掼奶油和15克细砂糖烧开。在混合碗中，搅拌蛋黄和剩余的糖，直到糖完全溶解。

2. 当牛奶的混合物烧开时，倒一些在蛋黄和糖的混合物中，搅拌至融合。

3. 将混合碗中的液体倒回深底锅中，用刮勺不停地搅拌，直到混合物可以裹住勺背。此时的温度应为83~85℃。

4. 用手指（注意不要烫伤自己）划过勺背。如果痕迹不会立即合拢，则卡仕达酱就达到了标准的质感。

5. 将卡仕达酱用细网筛过滤到巧克力碎上。

6. 充分搅拌至融合。将盛有巧克力卡仕达酱的碗置于装有冰块的大碗中冷却后，即可使用。

巧克力糕点奶油酱

Crème Pâtissière au Chocolat

制作大约250克

制作时间

30分钟

熬煮时间

5分钟

存放时间

冰箱冷藏可保存2天

食材

全脂牛奶 200毫升
细砂糖 40克
香草荚 1根
鸡蛋 40克
玉米淀粉 10克
面粉 10克
黄油 20克
可可含量70%的黑巧克力碎 40克
纯可可膏 10克

1. 将牛奶、20克细砂糖、香草荚和香草籽（将香草荚剖开，刮出香草籽）倒入深底锅中加热。

2. 将鸡蛋和剩余的糖倒入搅拌碗中，搅打至发白变稠。将玉米淀粉和面粉混合后一起筛入，并搅拌均匀。

3. 牛奶烧开后，小心地倒一些在鸡蛋的混合物中，使其变稀并提升温度。

名厨笔记 CHEFS' NOTES

- 要使糕点奶油酱迅速降温，可以在烤盘上覆盖保鲜膜，将糕点奶油酱涂抹在上面，然后再压覆一张保鲜膜。
- 黑巧克力可以替换成50克牛奶巧克力或白巧克力。

4. 将混合物倒回深底锅中，用力搅拌。烧开后继续熬煮二三分钟。最后拌入切成小块的黄油。

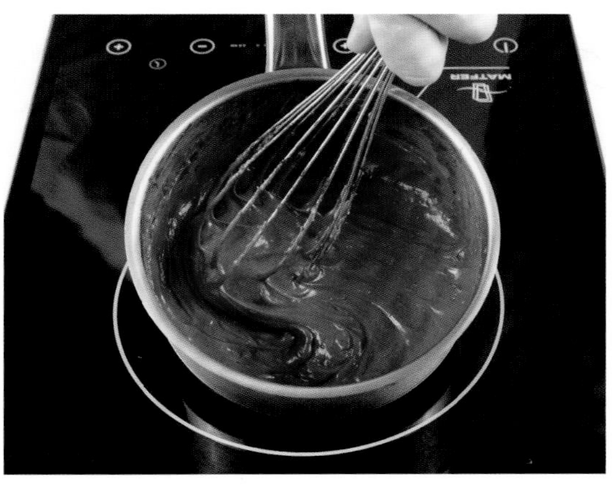

5. 加入巧克力碎和可可膏，搅拌至顺滑即可。

细滑巧克力浇汁

Sauce au Chocolat

制作大约550毫升

制作时间

15分钟

熬煮时间

5分钟

存放时间

冰箱冷藏可保存4天

工具

食物料理棒

食材

全脂牛奶 150毫升
重质掼奶油 130毫升
葡萄糖浆 70克
可可含量70%的黑巧克力碎 200克
盐 1克

1. 将全脂牛奶、重质掼奶油和葡萄糖浆倒入深底锅中，熬煮至锅边冒细泡，不要烧开。

2. 将烧热的液体倒入巧克力碎中，加入盐，搅拌至融合。

3. 将混合物用食物料理棒搅打成顺滑的乳液状即可。

巧克力意式奶冻
Pannacotta au Chocolat

6人份

制作时间
20分钟

冷却时间
2小时

存放时间
冰箱冷藏可保存2天

工具
容量100毫升的玻璃杯或一人食小烤盘 6个
硅胶刮刀

食材
明胶片 4克
全脂牛奶 200毫升
重质掼奶油 300毫升
可可含量60%的考维曲黑巧克力碎 130克

1. 将明胶片放入盛有冷水的碗中软化。将全脂牛奶和重质掼奶油倒入深底锅中，烧开后离火。挤掉明胶上多余的水分，拌入烧开的液体中，直到完全溶解。

2. 将热牛奶和奶油的混合物倒在巧克力碎上。

3. 搅拌至完全混合。

4. 将混合物分装在玻璃杯或小烤盘中，冷却至少2小时。

巧克力米布丁

Riz au Lait au Chocolat

10人份

制作时间
5分钟

炖煮时间
45分钟

冷却时间
1小时

存放时间
冰箱冷藏可保存2天

工具
一人食小烤盘或小碗 10个
硅胶刮刀

食材
低脂牛奶 1升
重质掼奶油 250毫升
细砂糖 70克
香草荚 1根
圆粒大米 125克
可可含量40%的牛奶巧克力碎 125克

1. 将低脂牛奶和重质掼奶油倒入深底锅中烧开。然后依次加入糖、香草荚和香草籽（将香草荚纵向剖开，刮出香草籽）。

名厨笔记 CHEFS' NOTES

- 可以用3条或4条藏红花丝代替香草荚，给你的米布丁带来独特的风味。你还可以加点果干，比如葡萄干或切碎的杏干等。

2. 将火调到极小，使混合物保持锅边冒细泡的程度。倒入大米，不停地搅拌。

3. 继续炖煮直到混合物变浓稠。一旦变稠，需要不断搅拌直到大米变软煮熟。可以不时尝一尝，看看大米是否熟透。

4. 大米煮熟后，将巧克力碎倒入米布丁中，搅拌至完全化开。分装到小烤盘或小碗中，冷却后放入冰箱冷藏。

巧克力抹酱

Pâte à Tartiner au Chocolat

名厨笔记 CHEFS' NOTES

- 食用时，提前1小时从冰箱中取出，使其可以顺滑地涂抹。

制作6罐(每罐250毫升)

制作时间
15分钟

定形时间
1小时

存放时间
冰箱冷藏可保存2周

工具
即时读数温度计
250毫升的密封罐 6个
硅胶刮刀

食材
可可含量46%的考维曲牛奶巧克力碎 175克
榛子含量55%的榛子杏仁糖 785克
澄清黄油 40克

1. 将装有巧克力的碗置于深底锅中刚刚开始冒细泡的热水上(水浴法)，加热至45~50℃，之后将其倒在榛子杏仁糖上。

2. 用刮刀搅拌均匀。拌入澄清黄油，充分混合至顺滑。

3. 舀入罐中，放凉后再盖上盖子。放入冰箱冷藏凝固。

百香果巧克力抹酱

Pâte à Tartiner Chocolat-Passion

制作7罐（每罐250毫升）

制作时间

30分钟

烘烤时间

2小时

定形时间

1小时

存放时间

冰箱冷藏可保存2周

工具

硅胶烤垫
冲孔烤盘
食物料理机
即时读数温度计
250毫升的密封罐 7个
硅胶刮刀

食材

百香果榛子粉
百香果肉 455克
榛子粉 340克

榛子巧克力抹酱
可可含量46%的考维曲
牛奶巧克力碎 175克
榛子含量55%的榛子杏
仁糖 785克
澄清黄油 40克

1. 将烤箱预热至80℃。将百香果肉和榛子粉混合成膏状物。

2. 用刮刀将膏状物薄薄地抹在铺有硅胶烤垫的冲孔烤盘上。烘烤约2小时，直到膏状物干燥变硬。

3. 放凉后掰碎。放入食物料理机中打成细粉后过筛，以确保没有团块，即成百香果榛子粉。将装有巧克力的碗置于深底锅中刚刚开始冒细泡的热水上（水浴法），加热至45~50℃。

名厨笔记 CHEFS' NOTES

· 食用时，提前20分钟从冰箱中取出，使其可以顺滑地涂抹。

4. 拌入榛子杏仁糖和澄清黄油，加热至45℃后离火，放凉。当温度降至25~26℃时，拌入百香果榛子粉。

5. 用刮刀充分搅拌至均匀混合。

6. 填入罐中，放凉后再拧紧盖子。放入冰箱冷藏，使其完全凝固。

面团和面包

巧克力法式挞皮面团
Pâte Sablée au Chocolat

制作550克

制作时间
20分钟

冷藏时间
2小时

存放时间
用保鲜膜裹紧，放入冰箱冷藏可保存5天

工具
立式搅拌机

食材
面粉 210克
无糖可可粉 40克
糖粉 125克
盐 1克
黄油 125克
全蛋液 50克

名厨笔记 CHEFS' NOTES

· 务必使用可可含量100%的无糖可可粉。

1. 给立式搅拌机装上平搅器。将过筛的面粉、无糖可可粉和糖粉倒入搅拌碗中，最后放入盐，搅拌。

2. 加入切成小块的黄油，搅拌至混合物成为粗糙的沙状。倒入全蛋液，搅拌成光滑的面团。

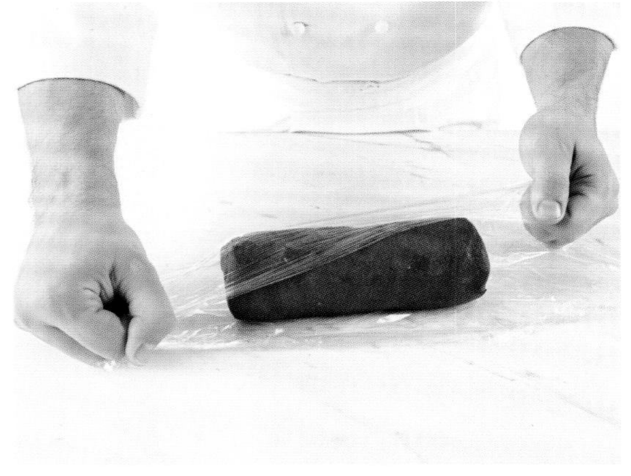

3. 搓成圆柱状，用保鲜膜裹好，放入冰箱冷藏2小时后即可使用。

巧克力千层派皮

Pâte Feuilletée au Chocolat

制作650克

制作时间

2小时

冷藏时间

2小时

存放时间

用保鲜膜裹紧，放入冰箱冷藏可保存5天，冷冻可保存3个月

工具

碗用刮刀
厨师刀
擀面杖

食材

盐 5克
水 145毫升
面粉 220克
无糖可可粉 20克
黄油 25克
乳脂含量84%的冷藏黄油 200克

1. 将盐和水在搅拌碗中混合。将面粉和无糖可可粉一起过筛至碗中，然后倒入25克冷却的融化黄油。用碗用刮刀将所有材料混合直到成为面团，注意不要揉拌过度。

名厨笔记 CHEFS' NOTES

- 烘烤时需格外注意，因为深色的巧克力面团不容易观察颜色的变化。

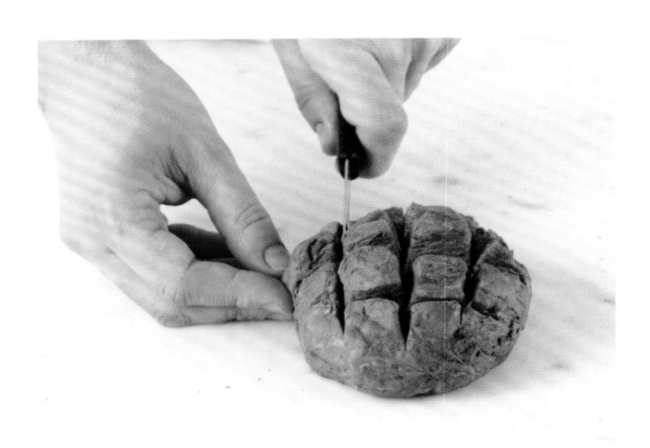

2. 将面团聚拢后揉成球形。在面团上用刀割出十字形图案使其松弛。用保鲜膜裹好，放入冰箱冷藏至少20分钟。

3. 将200克冷藏黄油用擀面杖擀软后擀成长方形。黄油应该仍然很凉，但需要像刚刚做的面团那样有延展性。

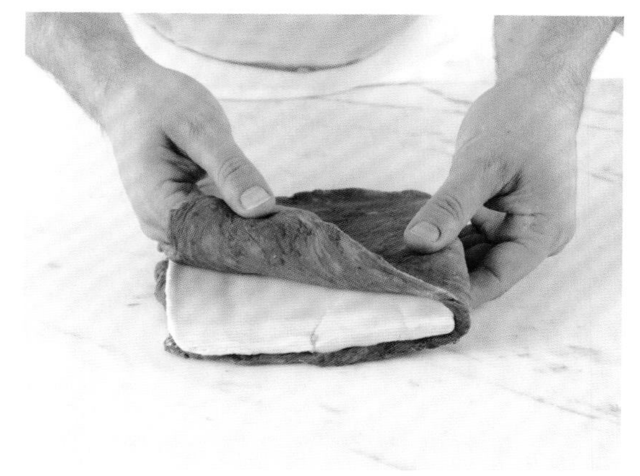

4. 将面团擀成与黄油等宽，长度为其两倍的面皮。将黄油放在面皮上，盖上另一半面皮后使其被完全包裹。

5. 切掉多余的面皮。

6. 在操作台上撒薄面，将面皮擀成长60厘米、宽25厘米的长方形，来制作传统的五折千层派皮。

7. 将面皮折成4层，完成1次双折。要完成这种折叠，需将面皮的短边向中心折叠，从顶部向下折三分之一，再从底部向上折三分之二，然后将面皮对折。将折叠好的面皮向右旋转90°。

8. 将面皮再次擀开，折成3层，即所谓的单折。将面皮用保鲜膜盖好，让面皮的分层置于侧面，冷藏30分钟。

9. 重复步骤6、步骤7，将面皮擀成相同的尺寸。这时面皮已经折过5次了。用保鲜膜盖好，冷藏30分钟后即可使用。

巧克力可颂

Pâte à Croissant au Chocolat

制作16个

制作时间
2小时

冷藏时间
1~12小时（过夜）+50分钟

发酵时间
3小时

烘烤时间
18~20分钟

存放时间
用保鲜膜裹紧，放入冰箱冷藏可保存24小时

工具
碗用刮刀
擀面杖

食材
乳脂含量84%的黄油 250克
无糖可可粉 70克
面粉 250克
派粉 250克
盐 12克
细砂糖 70克
奶粉 60克
鲜面包酵母 15克
全脂牛奶 30毫升
水 280毫升

蛋液
全蛋液 50克
蛋黄 50克
全脂牛奶 50毫升

1. 制作可颂面团前至少提前1小时（理想情况为提前1天），将30克过筛后的无糖可可粉与切成小块的黄油混合。

2. 先用碗用刮刀调和，再用手充分混合。盖上保鲜膜，放入冰箱冷藏至完全凝固，最好过夜。

3. 将两种面粉混合，倒在操作台上，在中间做一个大窝。在窝中放入盐、糖、奶粉和剩余的可可粉。在面粉“墙”上再做一个小窝，放入弄碎的鲜酵母。将全脂牛奶和一点点水小心地倒在鲜酵母上，再将剩余的水倒在大窝中的材料上。

4. 将食材用手指轻柔地在大窝中混合。

5. 用碗用刮刀把面粉向中央的大窝聚拢，与其他材料混合在一起。

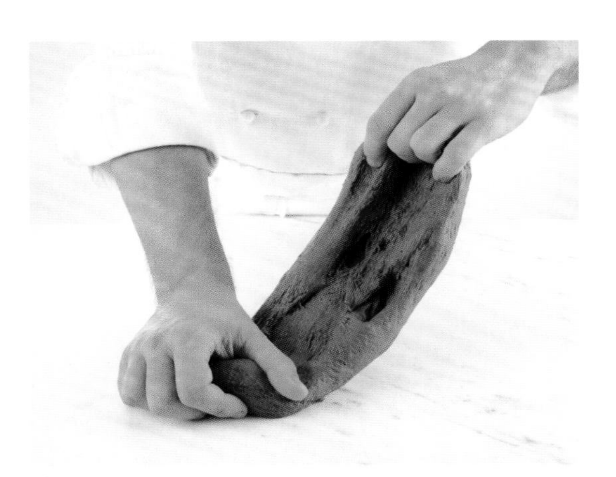

6. 双手揉和面团直到表面光滑。揉成球形，盖上保鲜膜，放入冰箱冷藏至少20分钟。

7. 将可可粉与黄油的混合物用擀面杖擀软，然后擀成正方形。黄油应该仍然很凉，但需要像刚刚做的面团那样有延展性。

8. 将面皮擀开，长度为正方形黄油片的两倍。将黄油放在面皮上，盖上另一半面皮后使其完全包裹。

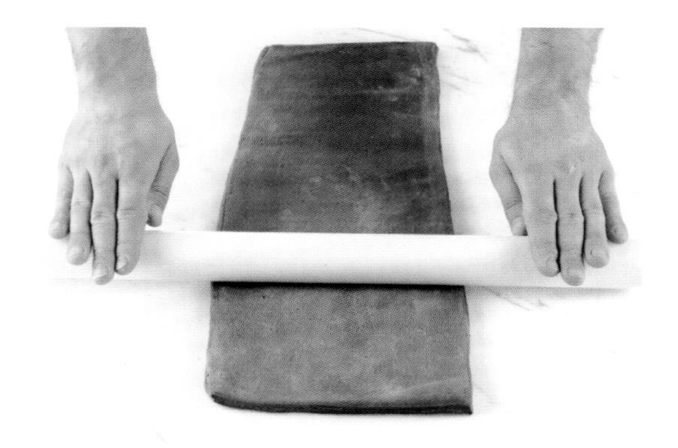

9. 在操作台上撒薄面，将面皮擀成长60厘米、宽25厘米的长方形。

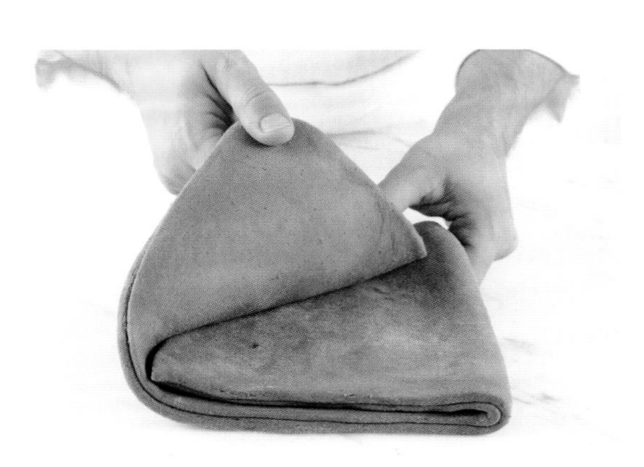

10. 将面团折成3层，即所谓的单折。将折叠好的面皮向右旋转90°。

11. 将面皮再次擀开。

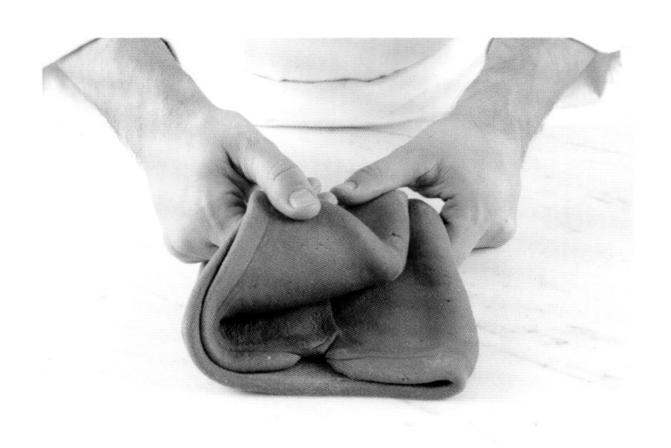

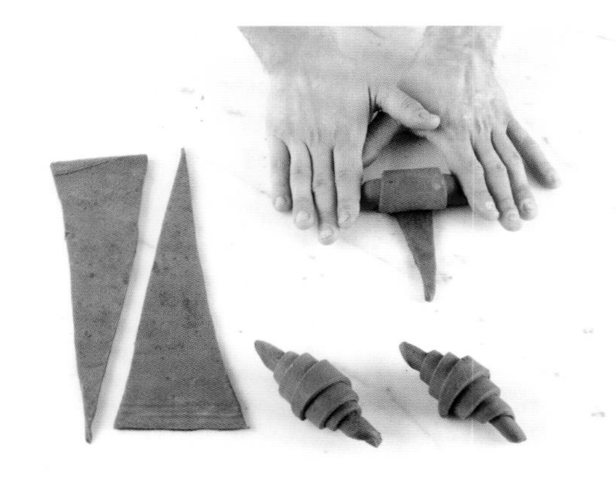

12. 将面皮折成4层，完成1次双折：将面皮的短边向中心折叠，从顶部向下折三分之一，再从底部向上折三分之二，然后对折。将面皮用保鲜膜盖好，冷藏30分钟。

13. 将面皮擀成长50厘米、宽24厘米、厚4毫米的长方形。用大刀的刀尖，在面皮一侧的长边上，每隔8厘米做个记号，然后在另一条长边上，与对面的记号错开4厘米，再每隔8厘米做个记号。根据记号将面皮切成三角形。用双手轻轻地抻拉每个三角形，然后从底边向上卷至尖端，成为可颂的形状。

14. 将蛋液的材料搅打在一起，刷在可颂的表面。在25℃的凉烤箱中放一碗开水，将可颂放在不粘烤盘里，发酵3小时。取出烤盘，将烤箱预热至180℃。再次在可颂表面刷上蛋液，烘烤18~20分钟。

双层巧克力可颂

Pains au Chocolat

制作8个

制作时间
2小时30分钟

冷藏时间
1~12小时（过夜）
+50分钟

发酵时间
3小时

烘焙时间
18~20分钟

存放时间
24小时

工具
擀面杖
糕点刷

食材
巧克力可颂面团（做法详见第69页）400克
黑巧克力条 16根

蛋液
全蛋液 50克
蛋黄 50克
全脂牛奶 50毫升

1. 将面团擀成4毫米厚。切成8个长15厘米、宽9厘米的长方形。在每块长方形宽边接近边缘处放一根巧克力条，将面皮卷起包住，接着在上面再放一根巧克力条。

2. 将长方形面皮完全卷起，用手掌轻压每个面卷，使收口处在下方正中处。放入不粘烤盘中。

3. 将蛋液的材料搅打在一起，均匀地刷在可颂的表面。在25℃的凉烤箱中放一碗开水，将装有可颂的烤盘放在上面，发酵3小时。取出烤盘，将烤箱预热至180℃。再次在可颂表面刷上蛋液，烘烤18~20分钟。

巧克力面包

Pain au Cacao

制作4块(每块250克)

制作时间
3小时30分钟

静置时间
1小时30分钟

发酵时间
30分钟+45分钟

烘烤时间
15分钟

存放时间
2天

工具
立式搅拌机

食材
白面包粉 500克
水 375毫升
盐 9克
鲜面包酵母 5克
无糖可可粉 35克
细砂糖 17克
黑巧克力碎 130克

1. 在立式搅拌机的搅拌碗中装上揉面钩，低速揉和白面包粉和340毫升水，直到揉成面团。

2. 将搅拌碗盖上湿布，让面团静置1小时。倒入盐和酵母，再次低速揉和直到面团光滑(约3分钟)。

3. 高速揉和五六分钟，直到面团产生筋性。

4. 加入无糖可可粉、细砂糖和剩余的水。继续揉和直到充分混合且光滑，然后倒入巧克力碎，迅速揉和在一起。

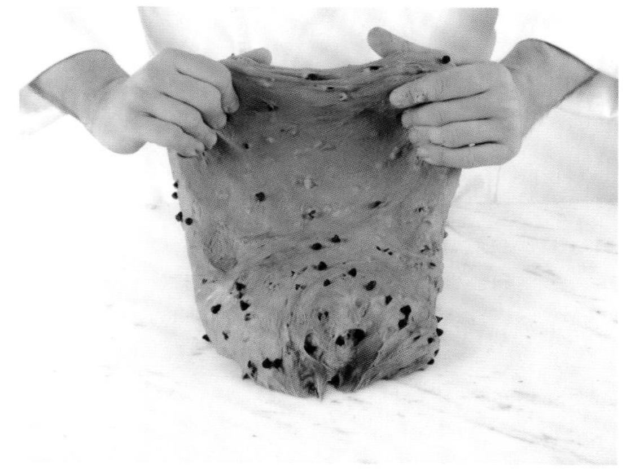

5. 将面团盖好，发酵30分钟。然后将面团取出放到操作台上，用手揉和，压碎面团中存留的气泡。

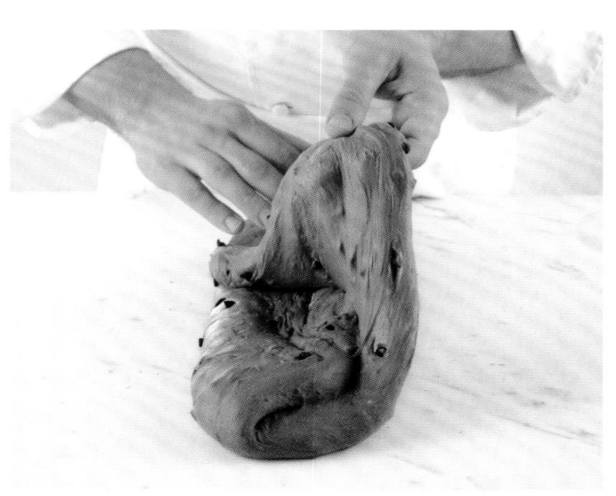

6. 将面团折叠，揉成球形。

7. 将面团切成4等份，每份250克。让面团静置30分钟，然后折叠，塑成条状，或者任何你喜欢的形状。

8. 在25℃的凉烤箱中放一碗开水，将装有面团条的烤盘放在上面，发酵45分钟。取出烤盘，将烤箱预热至230~240℃。

9. 用锋利的刀或面包割刀，从面团条中间向下纵向划开。烘烤15分钟。

巧克力布里欧修

Brioche au Chocolat

制作5块（每块240克）

制作时间
2小时

发酵时间
1小时+3小时

冷藏时间
2小时

烘烤时间
18~20分钟

存放时间
2天

工具
立式搅拌机
即时读数温度计
硅胶刮刀
长16厘米、宽8.5厘米、高4厘米的传统布里欧修模或迷你面包模 5个

食材
白面包粉 480克
无糖可可粉 20克
盐 12.5克
细砂糖 75克
鲜面包酵母 20克
全蛋液 300克
全脂牛奶 25毫升
黄油 200克
可可含量56%的黑巧克力 100克
黑巧克力碎 200克

蛋液
全蛋液 50克
蛋黄 50克
全脂牛奶 50毫升

1. 将面包粉、无糖可可粉、盐、细砂糖、酵母、冷藏的全蛋液和牛奶倒入立式搅拌机的搅拌碗中，装上揉面钩。低速揉和至面团光滑，不粘碗壁。

2. 分两次加入切成小块的冷藏黄油，继续低速揉和。将100克巧克力加热至50℃，使其化开，倒入面团中，揉至完全混合，不粘碗壁。

3. 将面团放在操作台上，添加巧克力碎。

4. 将巧克力碎用手揉到面团里，然后室温下发酵1小时，直到面团光滑有筋性。

名厨笔记 CHEFS' NOTES

- 低速揉和面团的好处有以下几点:
- 黄油可以慢慢融化，使面团将其完全吸收。
- 缓慢揉和可以避免过度加热面团。
- 能防止面团在烘烤过程中变干。

5. 将面团用手压扁。

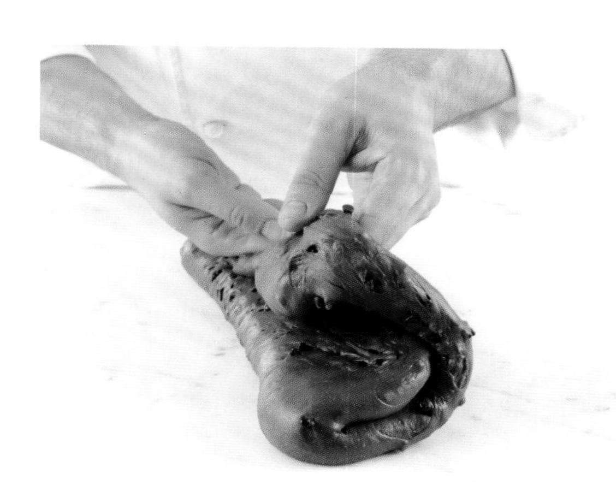

6. 折叠面团，压碎里面存留的气泡。盖好，放入冰箱冷藏至少2小时。

7. 将面团分成5块，每块再分成8小份，搓成圆球。在模具内刷上黄油，每个模具里放入8颗面球，略微错开摆放。将蛋液的材料搅打在一起，刷在面团上。

8. 在28℃的凉烤箱中放一碗开水，将模具放在上面，让面团发酵3小时。取出模具，将烤箱预热至180℃。再次在面团表面刷上蛋液，烘烤18~20分钟。

巧克力酥粒

Streusel au Chocolat

制作240克

制作时间

10分钟

冷藏时间

30分钟

烘烤时间

10~12分钟

存放时间

冰箱冷藏可保存5天

工具

硅胶烤垫
冷却架

食材

面粉 40克
无糖可可粉 20克
杏仁粉 60克
黄油 60克
黄砂糖 60克

名厨笔记 CHEFS' NOTES

- 巧克力酥粒可以用来装饰馅饼，或者作为芭菲酥脆的夹层。

1. 将面粉、无糖可可粉和杏仁粉一起过筛到操作台上。加入黄砂糖和切成小块的黄油，用手混合，直到混合物成为粗糙的沙粒状。

2. 用手掌揉搓混合物，直到成为光滑的面团。塑成圆球状，盖上保鲜膜，放入冰箱冷藏至少30分钟。

名厨笔记 CHEFS' NOTES

· 可以调整食谱，将杏仁粉替换成榛子粉或开心果粉。烘烤前还可以加一点儿盐之花，为酥粒增添一丝咸味。

3. 将烤箱预热至160℃，将硅胶烤垫放在烤盘中。利用窄格冷却架上的孔将面团磨碎到烤垫上。

4. 将面团碎屑在烤垫上均匀地铺开，烘烤10~12分钟。

巧克力糖果和巧克力小食

金粉夹心巧克力

Bonbons Moulés

制作时间

1小时

定形时间

12小时

冷藏时间

15分钟

存放时间

放入密封容器中，在阴凉处可存放1个月

工具

直径为3厘米的半球硅胶模具
一次性裱花袋
食品玻璃纸
碗用刮刀

食材

装饰
可食用金粉 10克
樱桃酒 10毫升

巧克力壳
考维曲巧克力（可根据喜好选择类型）200克

夹心
巧克力甘纳许（做法详见第46页）300克

1. 将金粉溶解在樱桃酒中。

2. 用指尖蘸取溶液，在模具内侧画出螺旋形图案。静置待酒精挥发。

3. 等待酒精挥发期间，将考维曲巧克力调温（做法详见第26~31页）。用一次性裱花袋，将调好温的巧克力挤入模具中，完全填满。

4. 将模具翻转，让多余的巧克力流下来，将其保留作为糖果的封层。

5. 刮擦模具顶部，清理边缘。将模具立起来，静置定形至少1小时。

6. 用裱花袋将甘纳许挤入巧克力壳中，填至距离模具上缘2毫米处。静置定形12小时。

7. 将制作巧克力壳时剩余的考维曲巧克力再次调温，挤在甘纳许上面作为封层。

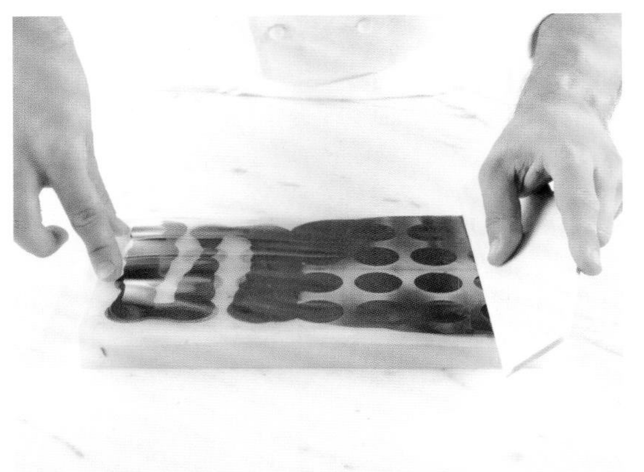

8. 将食品玻璃纸盖在模具上，用刮刀整平。

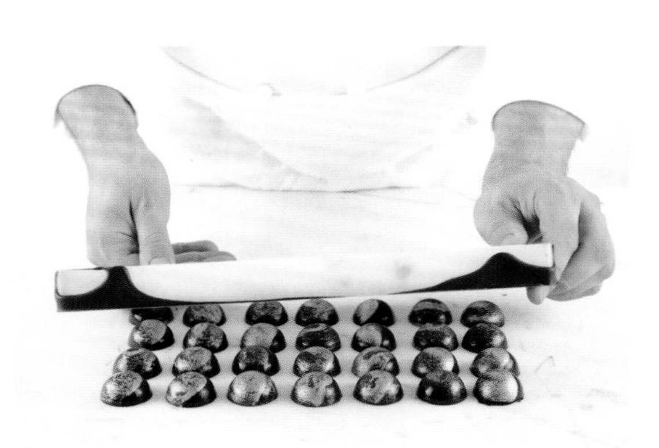

9. 将模具放入冰箱冷藏15分钟，使巧克力脱离模具内壁。小心地翻转模具，取出巧克力。

巧克力小方
Bonbons Cadrés

准备时间
1小时

定形时间
12小时

存放时间
放入密封容器中，在15℃的环境下可保存1个月

工具
即时读数温度计
硅胶刮刀
曲柄抹刀
边长16厘米、深1厘米的正方形巧克力模
比方形模具略大的食品玻璃纸
巧克力切割机或锋利的刀

食材

夹心
杏仁糖 250克
考维曲牛奶巧克力 25克
可可脂 25克
千层酥小薄片（或压碎的华夫饼）50克

预涂层（或巧克力基底）
经过调温的黑巧克力、牛奶巧克力或白巧克力（做法详见第26~31页）

1. 将杏仁糖、融化的考维曲牛奶巧克力和融化的可可脂倒入搅拌碗中。

2. 用刮刀搅拌均匀。

名厨笔记 CHEFS' NOTES

· 巧克力基底在彻底凝固前更容易切割。

3. 轻柔地拌入千层酥小薄片。

4. 制作夹心部分的巧克力基底或预涂层，以方便后面的操作并且不易破坏形状。将调温巧克力（40℃）倒在食品玻璃纸上。

5. 将巧克力用曲柄抹刀均匀地涂抹在玻璃纸上。

6. 将巧克力模放在涂抹开的巧克力上面，轻轻下压。

名厨笔记 CHEFS' NOTES

· 切割后，将每块分离以便更好地定形。
· 这种方法同样适用于甘纳许夹心的制作。

7. 将杏仁糖倒在模具里的巧克力上，涂抹均匀。在阴凉处（最好为16℃）静置定形12小时。

8. 脱模，然后用巧克力切割机或锋利的刀切成适宜的尺寸。将小块分离。

巧克力涂层
Trempage (ou enrobage)

制作时间
30分钟

定形时间
20分钟

存放时间
在15℃的环境下，可保存2周

工具
巧克力浸叉

食材
巧克力夹心
经过调温的黑巧克力、牛奶巧克力或白巧克力
（做法详见第26~31页）

1. 用巧克力浸叉，将每块夹心没入经过调温的巧克力中。

名厨笔记 CHEFS' NOTES

· 为防止巧克力粘在浸叉上，需要确保每颗都彻底包裹上调温巧克力。

2. 小心地提起每块巧克力，确保完全包裹上调温巧克力。

3. 提起每块巧克力时，都用浸叉底部刮一下碗边，去除多余的调温巧克力，然后将浸裹好的巧克力放在烘焙纸上。

4. 装饰要在巧克力彻底凝固前完成，比如用浸叉的尖齿在顶部划出痕迹。

松露巧克力
Truffes

制作30颗

准备时间
45分钟

浸泡时间
30分钟

定形时间
2小时

存放时间
密封容器中可保存2周

工具
网筛
即时读数温度计
巧克力浸叉

食材
重质掼奶油 100毫升
香草荚 1/2根
蜂蜜 8克
可可含量70%的考维曲黑巧克力碎 100克
黄油 35克
无糖可可粉 75克

巧克力衣
可可含量58%的考维曲黑巧克力 100克

1. 将香草荚纵向剖开，刮出香草籽。将重质掼奶油、香草荚和香草籽放在锅里中火加热。烧开后离火，浸泡30分钟。加入蜂蜜后再次烧开。

2. 将巧克力碎放入碗中，将过滤的热奶油倒在上面，轻轻搅拌，制成顺滑的甘纳许。

3. 当甘纳许冷却至30℃时，放入切成小块的软化黄油。将混合物倒在铺有烘焙纸的烤盘中，静置定形1小时。

名厨笔记 CHEFS' NOTES

· 松露巧克力要裹两次巧克力衣：先将其裹上一层调温巧克力，静置定形，然后按照步骤5、步骤6，将松露巧克力再裹一次巧克力衣，之后滚上可可粉。

4. 将定形的甘纳许切成3厘米见方的小块，然后搓成小球。

5. 将考维曲黑巧克力调温（做法详见第26~31页），制成巧克力衣。用手或巧克力浸叉，将甘纳许小球均匀地裹上巧克力衣。

6. 将可可粉倒在盘子中。巧克力球裹上巧克力衣后，用巧克力浸叉协助，立即滚上一层可可粉。静置定形1小时，然后小心地用网筛摇晃松露巧克力，去掉多余的可可粉。

巧克力衣焦糖杏仁和榛子

Amandes et Noisettes Caramélisées au Chocolat

制作1千克

准备时间

30分钟

制作时间

15分钟

存放时间

密封容器中可保存3周

工具

耐热硬胶刮勺
黄铜锅
熬糖温度计
网筛

食材

去皮杏仁 150克
去皮榛子 150克
水 70克
细砂糖 200克
黄油 10克
考维曲牛奶巧克力 100克
可可含量58%的考维曲黑巧克力 400克
无糖可可粉 50克

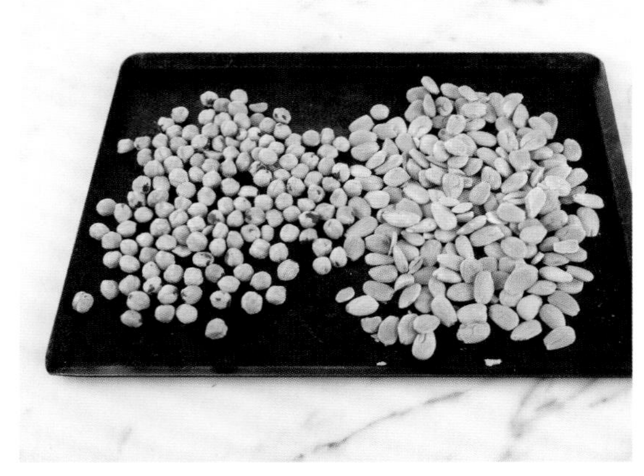

1. 将坚果撒在烤盘中，放入150℃的烤箱中，烘烤约15分钟至略微焦黄。

2. 将糖和水倒入黄铜锅中，加热至糖化开，然后烧开至117℃，即稍硬球阶段。倒入坚果，搅拌至糖形成结晶。

3. 将锅再次放回火上，中火加热，使坚果在一定程度上裹上焦糖，然后拌入黄油，搅拌均匀。

名厨笔记 CHEFS' NOTES

· 有必要让坚果在一定程度裹上焦糖，可防止其吸收水分。
· 少量多次地加入调温巧克力，以保持榛子和杏仁原本的形状。

4. 将坚果倒在工作台上，放凉至可以拿起时，将坚果分开，颗粒分明。彻底冷却后，放入大碗中。

5. 将考维曲牛奶巧克力调温（做法详见第26~31页）。将调好温的巧克力少量多次地倒在坚果上，用刮勺搅拌均匀，使每颗都裹上巧克力。静置2分钟定形。

6. 将考维曲黑巧克力调温（做法详见第26~31页），以相同的方式，分两次为坚果裹上巧克力，不停地搅拌，两次之间间隔2分钟，使巧克力定形。

7. 倒入一半的可可粉，搅拌均匀，使每粒坚果都包裹上。静置2分钟，再倒入剩余的可可粉。

名厨笔记 CHEFS' NOTES

· 不要等第二次加入调温巧克力的坚果彻底定形后才倒入一半的可可粉。

8. 静置，待其彻底定形，然后将坚果倒入网筛中，轻轻摇晃，筛掉多余的可可粉。放入密封糖果袋、礼品盒或密封容器中保存。

岩石球

Rochers

制作40个

准备时间
45分钟

制作时间
45分钟

定形时间
3小时

冷藏时间
20分钟

存放时间
密封容器中可保存1个月

工具
硅胶刮刀
耐热硬胶刮勺
即时读数温度计
巧克力浸叉

食材
杏仁碎 75克
细砂糖 10克
可可含量58%的考维曲黑巧克力 60克
杏仁膏 180克

巧克力衣
可可含量58%的考维曲黑巧克力 150克

1. 将杏仁碎和细砂糖在平底锅里中火加热，直到糖化开并焦糖化。将混合物倒在烘焙纸上冷却。

2. 将装有60克巧克力的碗放在刚刚烧开的热水锅上，隔水加热至化开（30℃），然后拌入杏仁膏。将混合物倒在烤盘上，覆上保鲜膜，放入冰箱定形约1小时。

3. 一旦定形，将巧克力混合物搓揉至柔韧光滑。

4. 将混合物大致分成3份（每份约150克），将每份搓成约20厘米长的圆棍，并切成8~10克的片，每片约1.5厘米厚。用双手将片搓成球。冷藏20分钟。

5. 将150克考维曲黑巧克力调温（做法详见第26~31页），制成巧克力衣，拌入冷却的焦糖杏仁碎。

6. 将巧克力球用手或巧克力浸叉蘸取巧克力衣，直到完全包裹。放在烘焙纸上静置定形约2小时。

金箔巧克力圆饼
Palets Or

制作约30块

准备时间
约45分钟

浸泡时间
30分钟

定形时间
2小时

存放时间
密封容器中可保存2周

工具
硅胶刮刀
即时读数温度计
装有直径12毫米裱花嘴的
裱花袋
食品玻璃纸
巧克力浸叉

食材

甘纳许
重质掼奶油 100毫升
香草荚 1根
蜂蜜 10克
可可含量58%的考维曲黑
巧克力碎 90克
可可含量50%的黑巧克力
碎 100克
黄油 40克

巧克力衣
可可含量58%的考维曲黑
巧克力 300克

装饰
可食用金箔片 适量

1. 将香草荚纵向剖开，刮出香草籽。将重质掼奶油、香草荚、香草籽和蜂蜜在锅里中火加热至沸腾。离火，浸泡30分钟。

2. 将装有90克考维曲黑巧克力和100克黑巧克力的碗放在刚刚烧开的热水锅上，直到温度达到35℃。将过滤后的奶油倒在化开的巧克力上，搅拌成顺滑的甘纳许。

3. 当甘纳许冷却至30℃时，加入切成小块的室温黄油，搅拌至顺滑（见“名厨笔记”）。

名厨笔记 CHEFS' NOTES

· 甘纳许比较娇气，一定不要过度搅拌，否则可能会导致水油分离。

4. 将甘纳许舀入裱花袋中，在铺有烘焙纸的烤盘中挤出30个带尖头的小球。

5. 将食品玻璃纸覆在小球上，用烤盘轻轻下压。静置冷却定形约1小时。

6. 将300克考维曲黑巧克力调温（做法详见第26~31页），制成巧克力衣。当甘纳许定形后，将巧克力圆饼均匀地裹上巧克力衣。

7. 将巧克力圆饼放在铺有烘焙纸的烤盘中，静置定形1小时。最后顶部装饰小片的可食用金箔即可。

杏仁巧克力
Pralinés Feuilletines

制作约30块

准备时间
1小时

制作时间
5~10分钟

定形时间
1小时

存放时间
密封容器中可保存2周，最高温度不超过17℃

工具
硅胶刮刀
耐热硬胶刮勺
即时读数温度计
边长为26厘米、深1厘米的正方形糖果框
巧克力浸叉

食材
可可脂 25克
考维曲牛奶巧克力 25克
杏仁膏 250克
千层酥小薄片 50克

巧克力衣
可可含量58%的考维曲黑巧克力 300克

1. 将可可脂和牛奶巧克力在平底锅中小火加热至化开。离火，拌入杏仁膏和千层酥小薄片。

2. 将混合物用刮勺轻轻搅拌，冷却至20℃。

3. 将烘焙纸铺在烤盘中，放上糖果框。将混合物倒在模具中，用刮刀抹平。

名厨笔记 CHEFS' NOTES

· 杏仁巧克力一旦放凉，应立刻切割，以保证边缘干净工整。

4. 当杏仁巧克力冷却时，脱模，切成自己喜欢的大小和形状。

5. 将考维曲黑巧克力调温（做法详见第26~31页），制成巧克力衣。用手或巧克力浸叉，将杏仁巧克力均匀地裹上巧克力衣，将多余的巧克力滴回碗中。

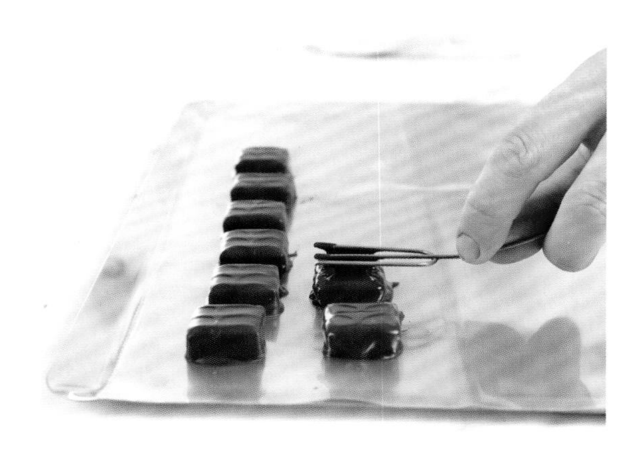

6. 将巧克力整齐地排放在铺有烘焙纸的烤盘中，用巧克力浸叉压出条痕，静置定形约1小时。

吉安杜佳玫瑰花巧克力

Gianduja

制作30块

准备时间

45分钟

冷藏时间

1小时

静置时间

1小时

存放时间

密封容器中冷藏，可保存2周

工具

即时读数温度计
装有直径8毫米齿形裱花嘴的裱花袋
食品玻璃纸 2张
一次性裱花袋

食材

吉安杜佳巧克力块 250克
烘焙好的整颗榛子 30颗

巧克力基底

可可含量58%的调温考维曲黑巧克力150克（做法详见第26~31页）

1. 将装有吉安杜佳巧克力的碗放在刚刚沸腾的热水锅上，直到温度达到45℃。

2. 离火，将吉安杜佳巧克力放凉，直到其稀稠度类似于放软的黄油。

3. 将吉安杜佳巧克力舀入装有齿形裱花嘴的裱花袋中，在其中一张玻璃纸上挤出直径约3厘米的玫瑰花。

4. 将每朵玫瑰花装饰上一颗榛子，冷藏约1小时。

5. 将调温考维曲黑巧克力舀入没有裱花嘴的裱花袋中，剪去裱花袋顶端，在另一张玻璃纸上挤出比玫瑰花小的圆球。

6. 将每朵玫瑰花放在巧克力圆球上并轻轻下压，使巧克力摊开，大小和玫瑰花一样。静置定形约1小时，然后从玻璃纸上取下。

FERRANDI
PARIS

装饰

巧克力香烟

Cigarettes en Chocolat

准备时间

10分钟

存放时间

密封容器中可保存2周，最高温度不超过20℃

工具

曲柄抹刀
小号和大号三角形铲刀
大理石板

食材

调温巧克力（做法详见第26~31页）

1. 将调温巧克力慢慢地倒在大理石板上，用曲柄抹刀均匀涂成二三毫米厚。让巧克力略微定形，凝固但不会太硬。

2. 用小号铲刀沿着巧克力边缘推，制作出边框齐整的长方形。

3. 均匀用力，沿着巧克力的长边，用大号铲刀向前推，搓出长而薄的卷。

巧克力折扇

Éventails en Chocolat

准备时间

10分钟

存放时间

密封容器中可保存2周，最高温度不超过20℃

工具

曲柄抹刀
三角形铲刀
大理石板

食材

调温巧克力（做法详见第26~31页）

1. 将调温巧克力倒在大理石板上，用曲柄抹刀均匀涂抹成二三毫米厚的长方形。让巧克力略微定形，凝固但不会太硬。用铲刀沿着巧克力边缘推，将周边修饰整齐。

2. 用食指牢牢按住铲刀的一角，稳稳地向前推，使巧克力成为折扇的形状。重复该步骤，制作多个折扇。

巧克力卷
Copeaux de Chocolat

准备时间
15分钟

存放时间
密封容器中可保存2周，最高温度不超过20℃

工具
主厨刀
曲柄抹刀
大理石板

食材
调温巧克力（做法详见第26~31页）

1. 将调温巧克力慢慢地倒在大理石板上。

2. 将巧克力用曲柄抹刀均匀涂抹成二三毫米厚的薄片。让巧克力略微定形，凝固但不会太硬。

3. 用主厨刀的刀尖，在巧克力表面由上至下等距地划出直线（以确保巧克力卷的尺寸大致相同）。

4. 将刀略微倾斜，快速地由下向上刮出巧克力卷。

5. 可以通过对刀施加不同的压力和控制搓刮速度的快慢，制作不同尺寸的巧克力卷。

巧克力印花纸

Feuilles de Transfert Chocolat

制作1张

准备时间

15分钟

存放时间

密封容器中可保存2周，最高温度不超过20℃

工具

长40厘米、宽30厘米的巧克力印花纸 1张
曲柄抹刀
金属直尺
主厨刀

食材

调温巧克力 100克（做法详见第26~31页）

1. 将巧克力印花纸铺在工作台上，带图案的一面朝上，将调温巧克力倒在上面。

2. 用曲柄抹刀将巧克在印花纸上均匀涂抹成二三毫米厚，直到整张纸都被覆盖。

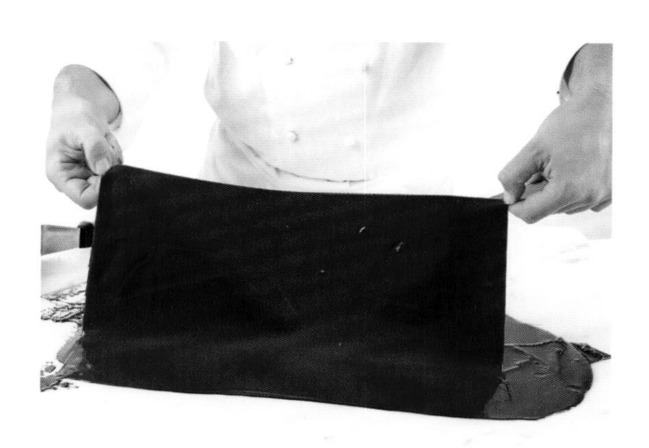

3. 小心地将覆盖巧克力的印花纸移到干净的工作台上，静置至凝固，时间不要过长，以免巧克力过硬。

4. 用尺子和刀或者饼干模将巧克力切成期望的形状。静置，直到巧克力彻底定形。

5. 小心地将印花纸翻面，从巧克力上揭掉。

6. 将每块巧克力分开。

巧克力缎带

Rubans de Masquage en Chocolat

制作时间
40分钟

定形时间
1小时30分钟

存放时间
密封容器中可保存2周

工具
所需尺寸的食品玻璃纸
曲柄抹刀
主厨刀
金属直尺
和玻璃纸同样大小的烘焙纸

食材
经过调温的黑巧克力、牛奶巧克力或
白巧克力（做法详见第26~31页）

名厨笔记 CHEFS' NOTES

- 缠绕在甜点上的巧克力缎带是具有画龙点睛作用的装饰物。可以根据实际需要调整缎带的直径和宽度。
- 巧克力要保持柔软，这样才能卷在所选的物品上。

1. 将调温巧克力倒在食品玻璃纸上。用曲柄抹刀将巧克力均匀涂抹成二三毫米厚。

2. 小心地提起覆盖了巧克力的玻璃纸，放在干净的操作台上，有巧克力的一面朝上。静置片刻，让其略微定形。

3. 用金属直尺修整玻璃纸，使四边干净、笔直。

4. 趁巧克力仍然柔软时，用金属直尺和锋利的刀将其切成所需宽度的长条。

5. 将烘焙纸覆盖在巧克力上。

6. 将巧克力纸卷在所需直径的圆柱状物品上，比如PVC管。裹上保鲜膜，室温下静置定形至少1小时。

7. 小心地撕掉保鲜膜、烘焙纸和玻璃纸。

8. 轻轻地分离巧克力缎带。

巧克力蕾丝
Dentelles en Chocolat

制作时间
30分钟

定形时间
20分钟

存放时间
密封容器中可保存4天

工具
网筛
一次性裱花袋
糕点刷

食材
无糖可可粉
经过调温的黑巧克力或牛奶巧克力
（做法详见第26~31页）

1. 将无糖可可粉过筛到烤盘中，厚度约2毫米。

2. 将调温巧克力舀入裱花袋中，剪去尖端。在可可粉上挤出直线或螺旋线条，制成细枝和蕾丝状图案。静置定形。

3. 小心地从烤盘中揭起巧克力装饰物，用糕点刷刷去多余的可可粉。

巧克力瓦片
Pastilles en Chocolat

制作时间
30分钟

定形时间
30~40分钟

存放时间
密封容器中可保存4天

工具
一次性裱花袋
食品玻璃纸
平底小玻璃杯
卷曲的瓦片模

食材
经过调温的黑巧克力、牛奶巧克力或白巧克力（做法详见第26~31页）

1. 将调温巧克力舀入裱花袋中，剪去尖端。在每张食品玻璃纸的上半部分挤出巧克力小丘，为摊薄留出足够的空间。

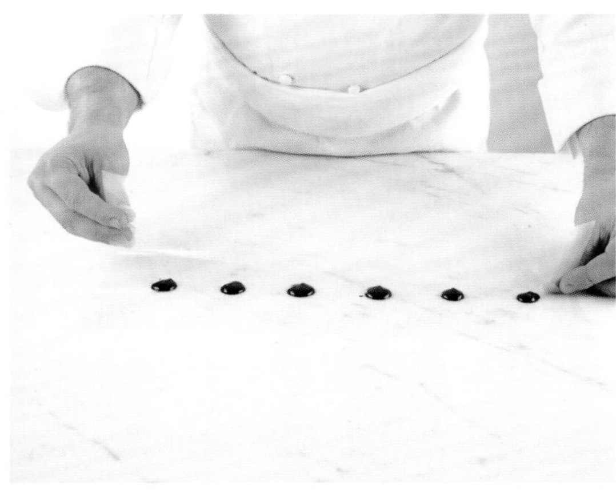

2. 将玻璃纸对折。

3. 用平底小玻璃杯按压每个小丘，压成所需的大小。静置片刻，待巧克力不再流淌但仍柔软易弯即可。

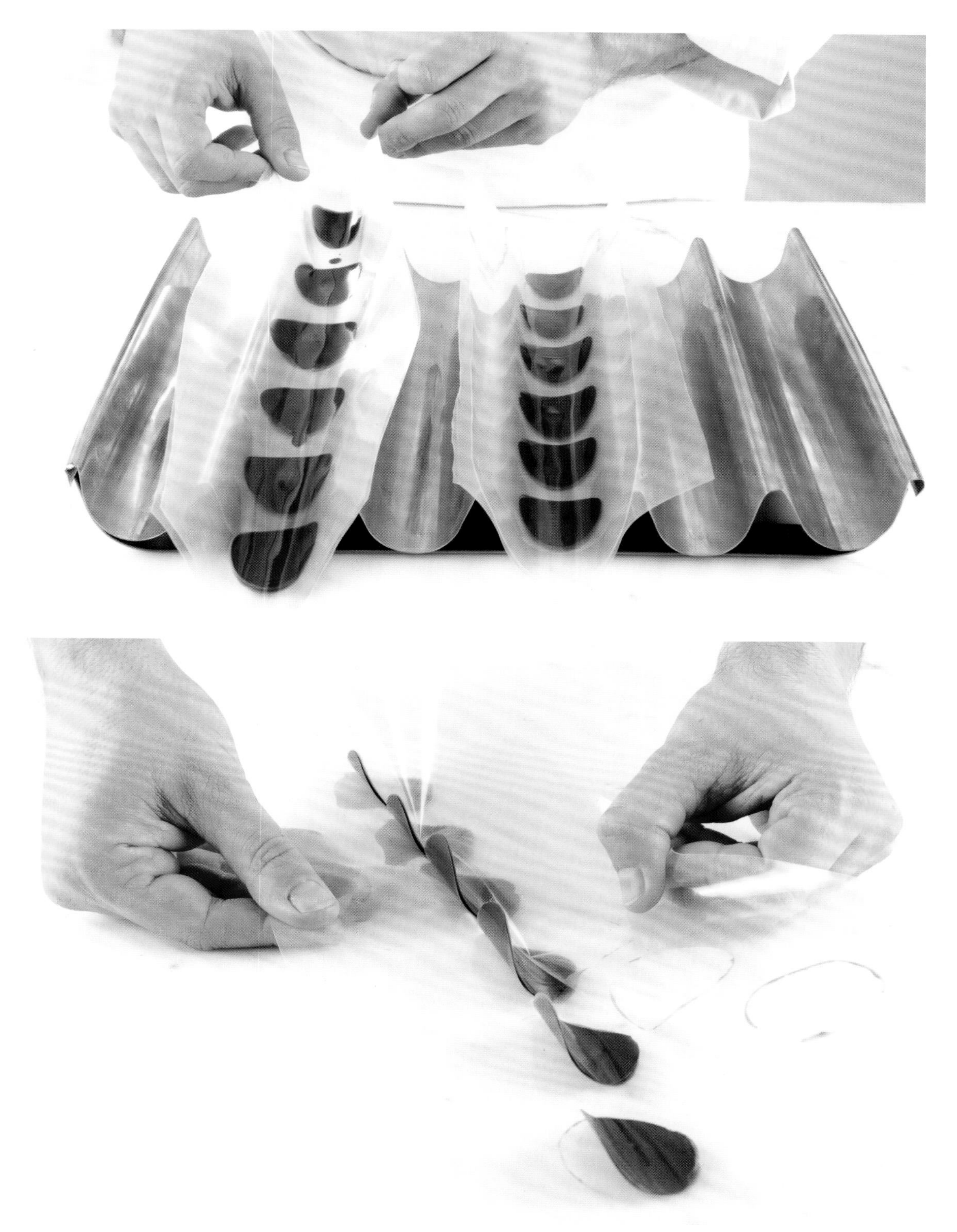

4. 将带有巧克力薄片的玻璃纸放入瓦片模中，使其中的巧克力圆片变卷。

5. 放入冰箱冷藏，使其完全定形（约30分钟）。小心地揭掉巧克力瓦片上的玻璃纸。

巧克力羽毛
Plumes en Chocolat

制作时间
30分钟

定形时间
20分钟

存放时间
密封容器中可保存4天

工具
削皮刀
宽8厘米的食品玻璃纸长条
卷曲的瓦片模

食材
经过调温的黑巧克力、牛奶巧克力或白巧克力（做法详见第26~31页）

1. 将削皮刀的刀刃上部浸入调温巧克力中，然后将刀片上的巧克力“擦”在条状玻璃纸上。

2. 提起刀刃时，像左右摇摆的钟摆一样，形成一个弯曲的弧度。

3. 在每张玻璃纸条上制作数片羽毛，然后放入瓦片模中使其变卷。静置定形。

4. 小心地从玻璃纸上撕下羽毛。

5. 将削皮刀的刀刃加热，沿着羽毛边缘割出数个切口，让羽毛看上去更加栩栩如生。

纸锥袋

Cornet

准备时间
5分钟

工具
裁纸刀
长方形烘焙纸 1张

食材
调温巧克力（做法详见第26~31页）

1. 将烘焙纸沿对角线裁开，裁成两个直角三角形。将其中一个放在一旁待用。

2. 捏住三角形最长边的中点。用另一只手，将其中一角卷起形成锥形，固定住。

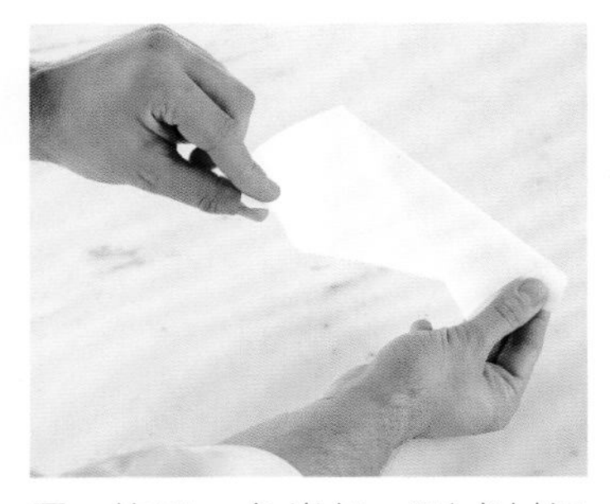

3. 将另一角卷起，形成封闭的顶端。

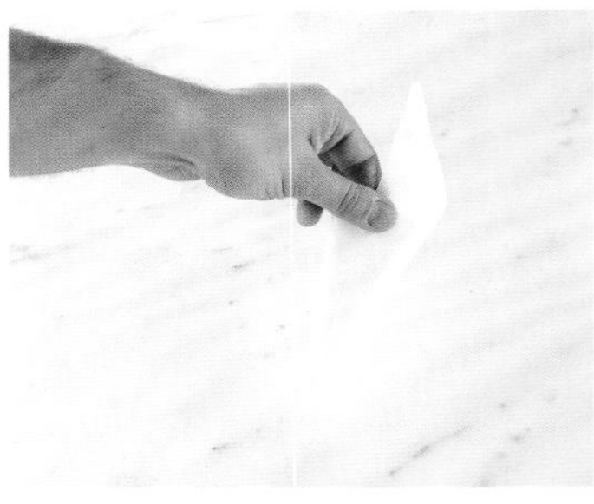

4. 将纸锥袋开口处突出的烘焙纸向内折叠。

5. 将折叠处压紧，使纸锥袋固定，不会松开。

名厨笔记 CHEFS' NOTES

· 还可以在纸锥袋内填入巧克力抹酱或百香果巧克力抹酱（做法详见第58页和第60页）。

6. 将调温巧克力舀入纸锥袋内，填至约1/3处。

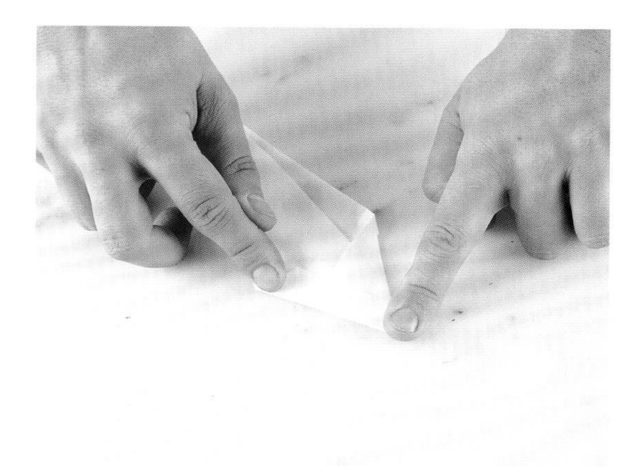

7. 将纸锥袋开口处压紧，然后沿横向对角线折叠。

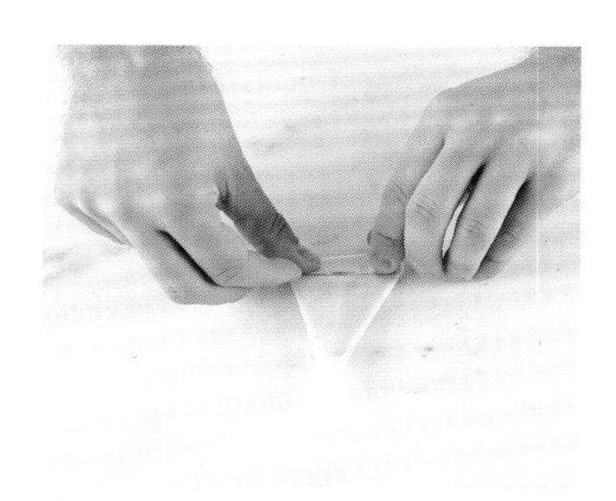

8. 将纸锥袋翻过来，从上往下卷紧，卷至巧克力处为止。

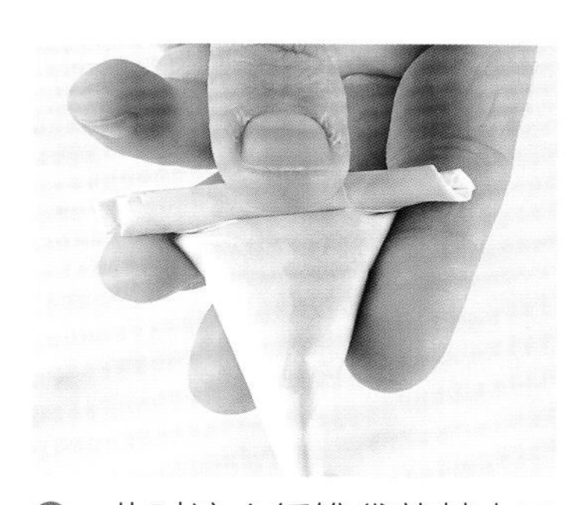

9. 此时这个纸锥袋就基本可以使用了。剪掉顶端，大小由你决定——孔越小，挤出的线条越细。

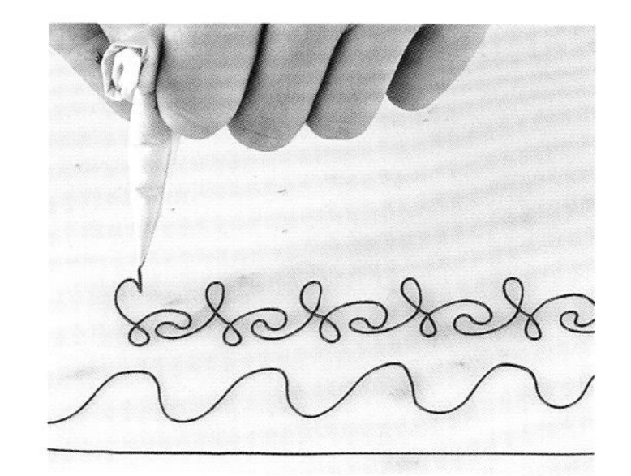

10. 现在可以制作装饰图案了，比如直线、曲线、徒手挤的图案、蕾丝边或个性化文字等。

食谱

模制和
手浸巧克力

卡布奇诺夹心巧克力

CAPPUCCINO

制作56个

制作时间

1小时

浸泡时间

5分钟

定形时间

12小时

存放时间

放入密封容器中，在16~18℃的环境中可保存1个月

工具

即时读数温度计
食品用笔刷
直径3厘米的硅胶半球模 2个
细网筛
食物料理棒
一次性裱花袋
三角铲

食材

巧克力壳
可可含量40%的考维曲牛奶巧克力碎 200克
黑色可可脂 50克

卡布奇诺甘纳许
重质掼奶油 160毫升
转化糖 40克
咖啡豆 20克
速溶咖啡颗粒 6克
可可含量40%的考维曲牛奶巧克力碎 400克
黄油 65克

制作巧克力壳

将考维曲牛奶巧克力碎调温（做法详见第26~31页）。将黑色可可脂倒入深底锅中，小火加热至30℃，使其化开。用笔刷蘸取可可脂，在模具内侧画上漂亮的图案。静置数分钟，然后将经过调温的巧克力倒入模具中制作巧克力壳（做法详见第86页）。保留多余的巧克力作为最后的封层。

制作卡布奇诺甘纳许

将重质掼奶油、转化糖、咖啡豆和速溶咖啡颗粒在深底锅中烧开。离火，浸泡5分钟。将奶油用细网筛过滤，然后倒回深底锅中再次烧开。将热奶油小心地倒在隔热碗中的考维曲牛奶巧克力碎上。搅打成顺滑的甘纳许。当甘纳许放凉至35℃时，加入切成小块的黄油。用食物料理棒搅拌，确保所有的巧克力化开且甘纳许顺滑。放凉至28℃，舀入裱花袋中，剪掉尖端。将甘纳许挤入巧克力壳中，填至距离顶部1.5毫米处。静置定形12小时。

最后的封层

甘纳许定形后，将制作巧克力壳时剩余的巧克力再次调温，倒在甘纳许上作为封层。用三角铲去除多余的巧克力。静置定形后脱模即可。

绿茶夹心巧克力

THÉ VERT

制作56个

制作时间

1小时

浸泡时间

15分钟

定形时间

12小时

存放时间

放入密封容器中，在16~18℃的环境中可保存1个月

工具

即时读数温度计
食品用笔刷 2支
直径3厘米的硅胶半球模 2个
细网筛
食物料理棒
一次性裱花袋
三角铲

食材

巧克力壳
可可含量56%的考维曲黑巧克力碎 100克
黑色可可脂 50克
绿色可可脂 50克

绿茶甘纳许
重质掼奶油 520毫升
散叶绿茶 30克
转化糖 100克
可可含量64%的考维曲黑巧克力碎 550克
黄油 110克

制作巧克力壳

将考维曲黑巧克力碎调温（做法详见第26~31页）。将两种可可脂分别倒入两口深底锅中，小火加热至45℃，使其化开，然后放凉至28℃。用两支笔刷，分别蘸取不同颜色的可可脂，在两个模具内侧画上漂亮的图案。静置数分钟，然后将经过调温的巧克力倒入模具中制作巧克力壳（做法详见第86页）。保留多余的巧克力作为最后的封层。

制作绿茶甘纳许

将重质掼奶油在深底锅中加热。离火，加入散叶绿茶，浸泡15分钟后用细网筛过滤。将浸泡后的奶油倒回深底锅中，放入转化糖，加热至50℃。将热奶油倒在隔热碗中的考维曲黑巧克力碎上。搅打成顺滑的甘纳许。当甘纳许放凉至35℃时，加入切成小块的黄油，用食物料理棒搅拌至顺滑。将甘纳许放凉至28℃，舀入裱花袋中，剪掉尖端。将甘纳许挤入巧克力壳中，填至距离顶部1.5毫米处。静置定形12小时。

最后的封层

甘纳许定形后，将制作巧克力壳时剩余的巧克力再次调温，倒在甘纳许上作为封层。用三角铲去除多余的巧克力。静置定形后脱模即可。

茉莉花茶夹心巧克力

JASMIN

制作56个

制作时间

1小时

浸泡时间

15分钟

定形时间

12小时

存放时间

放入密封容器中，在16~18℃的环境中可保存1个月

工具

即时读数温度计
直径3厘米的硅胶半球模 2个
细网筛
食物料理棒
一次性裱花袋
三角铲

食材

巧克力壳
可可含量56%的考维曲黑巧克力碎 200克
可食用银粉 10克
樱桃酒 10毫升

茉莉甘纳许
重质掼奶油 520毫升
散叶茉莉花茶 20克
转化糖 60克
山梨醇粉 30克
可可含量66%的考维曲黑巧克力碎 210克
可可含量40%的考维曲牛奶巧克力碎 170克
黄油 150克
茉莉花香精 1毫升

制作巧克力壳

将考维曲黑巧克力碎调温（做法详见第26~31页）。将可食用银粉溶解在樱桃酒中。用指尖蘸取银粉溶液，在模具内侧画圈，静置片刻待酒精挥发。将经过调温的巧克力倒入模具中制作巧克力壳（做法详见第86页）。保留多余的巧克力作为最后的封层。

制作茉莉花茶甘纳许

将重质掼奶油在深底锅中加热。离火，加入散叶茉莉花茶，浸泡15分钟。用细网筛过滤掉茶叶。将浸泡后的奶油倒回深底锅中，放入转化糖和山梨醇粉，加热至35℃。同时，将考维曲黑巧克力碎和考维曲牛奶巧克力碎倒入碗中，置于深底锅中刚刚开始冒细泡的热水上（水浴法），一同调温至化开。当奶油的混合物达到35℃时，将其倒在化开的巧克力上。搅打均匀，倒入切成小块的黄油和茉莉花香精。用食物料理棒搅拌成顺滑的甘纳许。将甘纳许放凉至28℃，舀入裱花袋中，剪掉尖端。将甘纳许挤入巧克力壳中，填至距离顶部1.5毫米处。静置定形12小时。

最后的封层

甘纳许定形后，将制作巧克力壳时剩余的巧克力再次调温，倒在甘纳许上作为封层。用三角铲去除多余的巧克力。静置定形后脱模即可。

夏威夷果柑橘夹心巧克力
MACADAMIA MANDARINE

制作56个

制作时间
1小时

定形时间
12小时

存放时间
放入密封容器中，在16~18℃的环境中可保存1个月

工具
即时读数温度计
食品用笔刷
直径3厘米的硅胶半球模 2个
食物料理棒
一次性裱花袋
三角铲

食材

巧克力壳
可可含量40%的考维曲牛奶巧克力碎 200克
橙色可可脂 50克

夏威夷果柑橘甘纳许
橘子汁 130毫升
葡萄糖浆 65克
细砂糖 130克
山梨醇粉 35克
可可含量40%的考维曲牛奶巧克力碎 160克
可可含量66%的考维曲黑巧克力碎 70克
可可脂 20克
黄油 140克
柑橘利口酒 50毫升
整颗生夏威夷果 100克

制作巧克力壳

将考维曲牛奶巧克力碎调温（做法详见第26~31页）。将橙色可可脂倒入深底锅中，小火加热至45℃，使其化开，然后放凉至28℃。用笔刷蘸取融化的可可脂，在模具内侧画上漂亮的图案。静置数分钟，然后将经过调温的巧克力倒入模具中制作巧克力壳（做法详见第86页）。保留多余的巧克力作为最后的封层。

制作夏威夷果柑橘甘纳许

将橘子汁在深底锅中加热至冒细泡。另取一口深底锅，将葡萄糖浆和100克细砂糖熬成微微变黄的焦糖。小心地用热橘子汁溶解糖粒，搅拌至顺滑。称量焦糖，使总重量达到280克，如果不够可以加水。拌入山梨醇粉，放凉至35℃。同时，将考维曲牛奶巧克力碎和考维曲黑巧克力碎倒入碗中，置于深底锅中刚刚开始冒细泡的热水上（水浴法），一同调温至化开。拌入可可脂。当焦糖混合物放凉至35℃时，将其倒在化开的巧克力上。倒入切成小块的黄油。用食物料理棒搅拌成顺滑的甘纳许。加入柑橘利口酒，搅拌至混合均匀。将甘纳许放凉至28℃，舀入裱花袋中，剪掉尖端。将甘纳许挤入巧克力壳中，填至三分之二处。将剩余的细砂糖在深底锅中用极小火加热成焦糖，倒入夏威夷果，搅拌至果仁完全裹上焦糖。将焦糖夏威夷果倒在烘焙纸上，分离，放凉，然后对半切开。小心地将一半的夏威夷果仁插入巧克力壳中的甘纳许上。静置定形12小时。

最后的封层

甘纳许定形后，将制作巧克力壳时剩余的巧克力再次调温，倒在甘纳许上作为封层。用三角铲去除多余的巧克力。静置定形后脱模即可。

百香果夹心巧克力
PASSION

制作56个

制作时间
1小时

定形时间
12小时

存放时间
放入密封容器中，在16~18℃的环境中可保存1个月

工具
直径3厘米的硅胶半球模 2个
即时读数温度计
食品用笔刷
食物料理棒
一次性裱花袋
三角铲

食材

巧克力壳
可可含量40%的考维曲牛奶巧克力碎 200克
可食用金粉 10克
樱桃酒 10毫升
黄色可可脂 50克

百香果甘纳许
百香果肉 500克
细砂糖 450克
葡萄糖浆 45克
可可含量40%的考维曲牛奶巧克力碎 450克
乳脂含量84%的黄油 150克

制作巧克力壳

将考维曲牛奶巧克力碎调温（做法详见第26~31页）。将可食用金粉溶解在樱桃酒中。取一张纸巾，蘸取金粉溶液，轻轻地点涂在模具内侧，静置片刻待酒精挥发。将黄色可可脂倒入深底锅中，小火加热至30℃，使其化开。用笔刷蘸取融化的可可脂，在模具内侧的金粉涂层上画漂亮的图案。静置数分钟，然后将经过调温的巧克力倒入模具中制作巧克力壳（做法详见第86页）。保留多余的巧克力作为最后的封层。

制作百香果甘纳许

将百香果肉、细砂糖和葡萄糖浆在深底锅中加热至105℃。离火，放凉至60℃。将考维曲牛奶巧克力碎倒入碗中，置于深底锅中刚刚开始冒细泡的热水上（水浴法），调温至35℃。将百香果和糖的混合物倒在化开的巧克力上。用食物料理棒搅拌成顺滑的甘纳许。放凉至35℃，加入切成小块的黄油，用食物料理棒搅拌至顺滑。将甘纳许放凉至28℃，舀入裱花袋中，剪掉尖端。将甘纳许挤入巧克力壳中，填至距离顶部1.5毫米处。静置定形12小时。

最后的封层

甘纳许定形后，将制作巧克力壳时剩余的巧克力再次调温，倒在甘纳许上作为封层。用三角铲去除多余的巧克力。静置定形后脱模即可。

名厨笔记 CHEFS' NOTES

- 可以将百香果肉替换成覆盆子、红加仑或甜杏泥。

热带水果夹心巧克力

EXOTIQUE

制作56个

制作时间

1小时

定形时间

12小时

存放时间

放入密封容器中，在16~18℃的 环 境中可保存1个月

工具

即时读数温度计
食品用笔刷 2支
直径3厘米的硅胶半球模 2个
食物料理棒
一次性裱花袋
三角铲

食材

巧克力壳
可可含量56%的考维曲黑巧克力碎 200克
橙色可可脂 10克
红色可可脂 10克

热带水果甘纳许
香蕉泥 180克
菠萝泥 90克
葡萄糖浆 120克
细砂糖 150克
山梨醇粉 70克
可可含量40%的考维曲牛奶巧克力碎 320克
可可含量66%的考维曲黑巧克力碎（最好是墨西哥可可浆果）130克
可可脂 40克
黄油 270克
马利宝椰子朗姆酒 20毫升

制作巧克力壳

将考维曲黑巧克力碎调温（做法详见第26~31页）。将两种可可脂分别倒入两口深底锅中，小火加热至30℃，使其化开。用两支笔刷，分别蘸取不同颜色的可可脂，在模具内侧画上漂亮的图案。静置数分钟，然后将经过调温的巧克力倒入模具中制作巧克力壳（做法详见第86页）。保留多余的巧克力作为最后的封层。

制作热带水果甘纳许

将香蕉泥和菠萝泥在深底锅中加热至冒细泡。另取一口深底锅，将葡萄糖浆和细砂糖熬成焦糖。小心地用热水果泥溶解糖粒，搅拌至顺滑。称量水果焦糖，使总重量达到280克，如果不够可以加水。拌入山梨醇粉，放凉至35℃。同时，将考维曲牛奶巧克力碎和考维曲黑巧克力碎倒入碗中，置于深底锅中刚刚开始冒细泡的热水上（水浴法），一同调温至化开。拌入可可脂。当水果焦糖混合物放凉至35℃时，将其倒在化开的巧克力上。倒入切成小块的软化黄油，用食物料理棒搅拌成顺滑的甘纳许。加入马利宝椰子朗姆酒，再次用食物料理棒搅拌至完全混合。将甘纳许放凉至28℃，舀入裱花袋中，剪掉尖端。将甘纳许挤入巧克力壳中，填至距离顶部1.5毫米处。静置定形12小时。

最后的封层

甘纳许定形后，将制作巧克力壳时剩余的巧克力再次调温，倒在甘纳许上作为封层。用三角铲去除多余的巧克力。静置定形后脱模即可。

· 手浸夹心巧克力 ·

柠檬杏仁糖夹心巧克力

PRALINÉ CITRON

制作150个

制作时间

1小时

定形时间

12小时+2小时

存放时间

放入密封容器中，在16~18℃的环境中可保存2周

工具

边长36厘米、深1厘米的巧克力方模
硅胶烤垫
即时读数温度计
食品用笔刷
食品玻璃纸
巧克力浸叉
牙签
主厨刀

食材

柠檬杏仁糖夹心
可可脂 130克
可可含量40%的考维曲牛奶巧克力碎 130克
柠檬皮屑（最好为有机柠檬）4个量
杏仁糖 1300克

装饰
黄色可可脂 20克

巧克力涂层
可可含量40%的考维曲牛奶巧克力碎 1千克

制作柠檬杏仁糖夹心

将巧克力方模放在硅胶烤垫上。将可可脂和考维曲牛奶巧克力碎倒入碗中，置于锅中刚刚开始冒细泡的热水上（水浴法），使其化开。将柠檬皮细屑和杏仁糖倒入隔热碗中混合，再将化开的巧克力混合物浇在上面，搅拌至充分混合。当混合物放凉至28℃时，倒入巧克力方模中，在阴凉处（最好为16℃）静置定形12小时。

制作装饰

将黄色可可脂在深底锅中用小火加热至30℃，使其化开。用糕点刷或食品用笔刷，将化开的可可脂薄薄地、均匀地涂在玻璃纸上。用牙签在可可脂上画出弧形条纹。静置片刻，让可可脂定形，然后将玻璃纸裁剪成长5厘米、宽2厘米的长方形。

浸裹巧克力涂层

将考维曲牛奶巧克力碎调温（做法详见第26~31页）。柠檬杏仁糖夹心定形后，用锋利的刀切成长4厘米、宽1.5厘米的长方条。用巧克力浸叉将长方形小块浸入调温巧克力中，直到均匀裹涂（做法详见第92页）。将浸裹好的巧克力放在烘焙纸上。

装饰

在每块刚浸裹好的夹心巧克力上放一块黄色可可脂长方片，有可可脂的那面朝下。静置定形2小时，然后小心地揭掉玻璃纸即可。

甜杏百香果夹心巧克力
ABRICOT PASSION

制作150个

制作时间
1小时

定形时间
12小时+3小时

浸裹时间
1小时

存放时间
放入密封容器中，在16~18℃的环境中可保存2周

工具
边长36厘米、深1厘米的巧克力方模
硅胶烤垫
即时读数温度计
食品玻璃纸
巧克力浸叉
硅胶刮刀

食材

甜杏果冻
黄色果胶 9克
细砂糖 400克
甜杏泥 350克
葡萄糖浆 90克
柠檬汁 6毫升

牛奶巧克力百香果甘纳许
可可含量40%的考维曲牛奶巧克力碎（最好为法芙娜巧克力）750克
可可含量58%的考维曲黑巧克力碎300克
百香果泥 375克
转化糖 150克
山梨醇粉 45克
黄油 225克

巧克力涂层
可可含量40%的考维曲牛奶巧克力碎1千克

制作甜杏果冻

将巧克力方模放在硅胶烤垫上。将黄色果胶和50克细砂糖在碗中混合。将甜杏泥在深底锅中加热至40℃，其间不停地搅拌。拌入果胶和细砂糖的混合物后烧开，仍需不停地搅拌。加入葡萄糖浆，再分两到三次放入剩余的糖，保持混合物持续沸腾。加热至106℃，倒入柠檬汁。小心地将混合物倒入巧克力方模，彻底放凉待用。

制作牛奶巧克力百香果甘纳许

将两种巧克力倒入隔热碗中混合。将百香果泥、转化糖和山梨醇粉在深底锅中烧开。小心地将烧开的混合物浇在巧克力上，用刮刀搅拌成顺滑的甘纳许。当甘纳许放凉至35℃时，加入切成小块的黄油，搅拌至顺滑。将甘纳许涂抹在巧克力方模中的甜杏果冻上。在阴凉处（最好为16℃）静置定形12小时。

浸裹及装饰

用双手将玻璃纸揉皱，然后裁切成长5厘米、宽2厘米的长方形。将涂层巧克力调温（做法详见第26~31页）。果冻甘纳许夹心定形后，用锋利的刀切成长4厘米、宽1.5厘米的长方块。用巧克力浸叉将长方形小块浸入调温巧克力中，直到均匀裹涂（做法详见第92页）。将浸裹好的巧克力放在烘焙纸上。趁巧克力仍然柔软，在每块浸裹好的夹心巧克力上放一块揉皱的玻璃纸长条。静置定形3小时，然后小心地揭掉玻璃纸即可。

蜂蜜香橙夹心巧克力

MIEL ORANGE

制作150个

制作时间

1小时

定形时间

12小时+2小时

浸裹时间

1小时

存放时间

放入密封容器中，在16~18℃的环境中可保存2周

工具

边长36厘米、深1厘米的巧克力方模
硅胶烤垫
即时读数温度计
食物料理棒
巧克力浸叉

食材

蜂蜜香橙甘纳许
重质掼奶油 350毫升
栗树蜂蜜 170克
盐之花 2克
橙皮细屑 10克
山梨醇粉 50克
葡萄糖浆 60克
考维曲牛奶巧克力碎 130克
可可含量66%的考维曲黑巧克力碎 450克
可可脂 50克
乳脂含量84%的黄油 80克

巧克力涂层
可可含量56%的考维曲黑巧克力碎 1千克

装饰
巧克力转印纸（选择自己喜欢的图案）

制作蜂蜜香橙甘纳许

将巧克力方模放在硅胶烤垫上。将重质掼奶油、栗树蜂蜜、盐之花、橙皮细屑、山梨醇粉和葡萄糖浆在深底锅中加热至35℃。同时，将考维曲牛奶巧克力、考维曲黑巧克力和可可脂倒入碗中，置于锅中刚刚开始冒细泡的热水上（水浴法），使其化开。当巧克力的混合物达到35℃时，倒入热奶油的混合物中。用食物料理棒搅拌成顺滑的甘纳许。加入切成小块的黄油继续搅拌至顺滑。将甘纳许倒入巧克力方模中，在阴凉处（最好为16℃）静置定形12小时。

浸裹夹心巧克力

将涂层巧克力调温（做法详见第26~31页）。蜂蜜香橙甘纳许夹心定形后，用锋利的刀将其切成长4厘米、宽1.5厘米的长方块。用巧克力浸叉将长方形小块浸入调温巧克力中，直到均匀裹涂（做法详见第92页）。将浸裹好的巧克力放在烘焙纸上。

装饰

将巧克力转印纸裁成长5厘米、宽2厘米的长方形，并将其放在刚浸裹好的夹心巧克力上，有图案的那面朝下。静置定形2小时，然后轻轻地揭掉转印纸即可。

开心果夹心巧克力

PISTACHE

制作150个

制作时间

1小时

定形时间

12小时+3小时

浸裹时间

1小时

存放时间

放入密封容器中，在16~18℃的环境中可保存2周

工具

硅胶刮刀
擀面杖
主厨刀
边长36厘米、深1厘米的巧克力方模
硅胶烤垫
即时读数温度计
食物料理棒
巧克力浸叉

食材

杏仁开心果膏
杏仁含量33%的杏仁膏 600克
开心果酱 70克

开心果甘纳许
重质掼奶油 300毫升
转化糖 55克
山梨醇粉 20克
开心果酱 20克
可可含量66%的考维曲黑巧克力碎（最好为法芙娜巧克力）355克
黄油 80克
樱桃酒 10毫升

巧克力涂层
可可含量56%的考维曲黑巧克力碎 1千克

装饰
对半分开的开心果仁 150片

制作杏仁开心果膏

在碗中，将杏仁膏和开心果酱用刮刀搅拌至顺滑，然后倒在硅胶烤垫上。用擀面杖将杏仁开心果膏擀成边长36厘米的正方形，接着在上面放上巧克力方模，使其正好在模具内。

制作开心果甘纳许

将重质掼奶油和转化糖在深底锅中烧开。倒入山梨醇粉和开心果酱，再次烧开。将热奶油的混合物倒在装有考维曲黑巧克力的隔热碗中。用食物料理棒搅拌成顺滑的甘纳许。当甘纳许放凉至35℃，加入切成小块的黄油和樱桃酒，继续搅打至顺滑。将甘纳许放凉至20℃，然后倒在巧克力方模中的杏仁开心果膏上。在阴凉处（最好为16℃）静置定形12小时。

浸裹夹心巧克力

将涂层巧克力调温（做法详见第26~31页）。杏仁开心果夹心定形后，用锋利的刀将其切成长4厘米、宽1.5厘米的长方块。用巧克力浸叉将长方形小块浸入调温巧克力中，直到均匀裹涂（做法详见第92页）。将浸裹好的巧克力放在烘焙纸上。

装饰

趁巧克力涂层仍然柔软，用巧克力浸叉的边缘在涂层表面划出纹路，再在上面放半颗开心果仁。静置定形3小时即可。

柠檬罗勒夹心巧克力

BASILIC

制作150个

制作时间
1小时

浸泡时间
15分钟

定形时间
12小时+3小时

浸裹时间
1小时

存放时间
放入密封容器中，在16~18℃的环境中可保存2周

工具
边长36厘米、深1厘米的巧克力方模
硅胶烤垫
即时读数温度计
食物料理棒
巧克力浸叉
直径18毫米的花式小蛋糕裱花嘴
细网筛
主厨刀

食材

柠檬罗勒甘纳许
重质掼奶油 290毫升
柠檬泥 60克
柠檬皮细屑 15克
罗勒碎 15片量
转化糖 50克
葡萄糖浆 50克
山梨醇粉 50克
考维曲牛奶巧克力碎 370克
可可含量66%的考维曲黑巧克力碎（最好为墨西哥可可浆果）400克
可可脂 20克
黄油 55克

巧克力涂层
可可含量58%的考维曲黑巧克力碎 1千克

装饰
可食用绿色闪粉 5克
樱桃酒 10毫升

制作柠檬罗勒甘纳许

将巧克力方模放在硅胶烤垫上。将重质掼奶油和柠檬泥在深底锅中加热至40℃。拌入柠檬皮细屑和罗勒碎，离火，浸泡15分钟。用细网筛过滤奶油，然后将过滤后的奶油倒回深底锅中，再次加热至35℃。倒入转化糖、葡萄糖浆和山梨醇粉。同时，将考维曲牛奶巧克力、考维曲黑巧克力和可可脂倒入碗中，置于锅中刚刚开始冒细泡的热水上（水浴法），一同加热至35℃。将巧克力倒入热奶油的混合物中。用食物料理棒搅拌成顺滑的甘纳许。加入切成小块的黄油继续搅拌至顺滑。将甘纳许倒入巧克力方模中，在阴凉处（最好为16℃）静置定形12小时。

浸裹夹心巧克力

将涂层巧克力调温（做法详见第26~31页）。柠檬罗勒甘纳许夹心定形后，用锋利的刀将其切成长4厘米、宽1.5厘米的长方块。用巧克力浸叉将长方形小块浸入调温巧克力中，直到均匀裹涂（做法详见第92页）。将浸裹好的巧克力放在烘焙纸上。

装饰

将绿色闪粉溶入樱桃酒中。用裱花嘴的末端蘸取溶液，在巧克力上点出迷人的小绿点。静置定形3小时即可。

咸焦糖夹心巧克力

CARAMEL SALÉ

制作150个

制作时间

1小时

定形时间

12小时+3小时

浸裹时间

1小时

存放时间

放入密封容器中，在16~18℃的环境中可保存2周

工具

边长36厘米、深1厘米的巧克力方模
硅胶烤垫
即时读数温度计
食物料理棒
巧克力浸叉
长5厘米、宽3厘米的食品玻璃纸
硅胶刮刀
主厨刀

食材

咸焦糖甘纳许
葡萄糖浆（60DE[1]）70克
细砂糖 150克
重质掼奶油 400毫升
山梨醇粉 70克
盐之花 5克
考维曲牛奶巧克力碎 380克
可可含量56%的考维曲黑巧克力碎 180克
可可膏 120克
可可脂 75克

巧克力涂层
可可含量56%的考维曲黑巧克力碎 1千克

装饰
可食用金粉 5克
樱桃酒 20毫升

制作咸焦糖甘纳许

将巧克力方模放在硅胶烤垫上。将葡萄糖浆和细砂糖在深底锅中加热至化开，然后熬成深色焦糖。另取一口深底锅，将重质掼奶油、山梨醇粉和盐之花烧开。将热奶油一点点倒入焦糖中，不断稀释，用刮刀不停地搅拌。称量焦糖，使总重量达到680克，如果不够可以加点水。将其放凉至35℃，与此同时，将考维曲牛奶巧克力和考维曲黑巧克力倒入碗中，置于锅中刚刚开始冒细泡的热水上（水浴法），加热至35℃。将热焦糖倒入化开的巧克力中。用食物料理棒搅拌成顺滑的甘纳许。加入可可膏和可可脂，继续搅拌至顺滑。将甘纳许倒入巧克力方模中，在阴凉处（最好为16℃）静置定形12小时。

浸裹夹心巧克力

将涂层巧克力调温（做法详见第26~31页）。咸焦糖甘纳许夹心定形后，用锋利的刀将其切成长4厘米、宽1.5厘米的长方块。用巧克力浸叉将长方形小块浸入调温巧克力中，直到均匀裹涂（做法详见第92页）。将浸裹好的巧克力放在烘焙纸上，静置，待巧克力稍微有点软度为止。

装饰

将金粉溶入樱桃酒中。用玻璃纸长条的边缘蘸取溶液，在巧克力上压出一道金线。静置至完全定形。

---

1 葡萄糖DE（Dextrose Equivalent）值，指的是葡萄糖当量，是还原糖（以葡萄糖计）占糖浆干物质的百分比。通常来讲，DE值越高，葡萄糖浆的级别越高。

巧克力块

巧克力燕麦能量块

BARRES CÉRÉALES

制作10块

制作时间

1小时30分钟

烘烤时间

15分钟

静置时间

2小时

定形时间

30~45分钟

存放时间

放入密封容器中，在16~18℃的环境中可保存1周

工具

立式搅拌机
即时读数温度计
边长16厘米的方形蛋糕模
硅胶烤垫
硅胶刮刀
曲柄抹刀
糕点刷

食材

带皮杏仁 100克
榛子 100克
山核桃 100克
南瓜子仁 75克
燕麦片 50克
大米花 30克
盐之花 1克
吉利丁粉 12克
冷水 72毫升
蛋清 60克
细砂糖 250克
葡萄糖浆 25克
水 75毫升

巧克力涂层
可可含量40%的考维曲牛奶巧克力碎 500克
牛奶巧克力淋酱 200克
葡萄子油 40毫升
可可脂 90克

将烤箱预热至150℃。将杏仁和榛子铺在不粘烤盘中，烘烤约15分钟。从烤盘中倒出，放凉待用。

将杏仁、榛子和山核桃用刀大致切碎。将其与南瓜子仁、燕麦片、大米花和盐之花一起倒入碗中混合均匀。将吉利丁粉倒入72毫升的冷水中溶解。

在装有打蛋笼的立式搅拌机的搅拌碗中，打发蛋清至湿性发泡。

将细砂糖、葡萄糖浆、75毫升的水在深底锅中加热至130℃。迅速淋入蛋清中（避开打蛋笼和搅拌碗内壁），不停地搅拌。加入吉利丁粉溶液。搅拌均匀，放凉待用。

当混合物温度降至40℃时，倒入干料混合物，小心地用刮刀拌匀。

将方形蛋糕模放在烤盘里的硅胶烤垫上。将混合物倒入模具中，用曲柄抹刀抹平表面，静置放凉2小时。

将刀在热水中蘸一下，把混合物切成长10厘米、宽2厘米的块。

裹涂燕麦能量块

将装有牛奶巧克力碎和牛奶巧克力淋酱的碗置于锅中刚刚开始冒细泡的热水上（水浴法），加热至35℃，然后拌入葡萄子油。将可可脂加热至40℃，倒入巧克力淋酱的混合物中，混合均匀。用糕点刷在每个长方块顶部刷上巧克力涂层，静置定形。之后将长方块翻面，刷底部和两端。将裹涂好的长方块放在烘焙纸上，静置，直至完全定形。

巧克力花生块

BARRES CACAHUÈTES

制作10块

制作时间
1小时30分钟

冷藏时间
30分钟

烘烤时间
45分钟

定形时间
30~45分钟

存放时间
放入密封容器中，在冰箱冷藏可保存1周

工具
食物料理机
边长16厘米的巧克力方模
电动打蛋器
牙签

食材

甜花生面团
焙烤的咸花生45克
黄油 70克
细砂糖 70克
杏仁粉 45克
面粉 70克

花生海绵蛋糕夹层
蛋白霜
蛋清 40克
细砂糖 25克
海绵蛋糕坯
面粉 30克
玉米淀粉 8克
全蛋液 50克
蛋黄 25克
细砂糖 50克
焙烤的咸花生75克
黄油 40克

咸黄油焦糖
细砂糖 50克
葡萄糖浆 40克
重质掼奶油 60毫升
甜炼乳 30毫升
香草荚 1/2根
无盐黄油 80克
盐之花 1克
对半分开的花生仁

巧克力涂层
可可含量40%的考维曲牛奶巧克力碎500克
牛奶巧克力淋酱200克
葡萄子油 40毫升
可可脂 90克

装饰
焙烤的对半分开的花生仁
可食用金箔

制作甜花生面团

将花生用食物料理机打成粗粒。将切成小块的冷藏黄油、细砂糖、杏仁粉、花生碎和面粉混合后揉成面团。将面团揉成球形，用保鲜膜裹好，放入冰箱冷藏，直到面团变得硬实（约30分钟）。将面团在铺有烘焙纸的烤盘上擀成4毫米厚的面皮。将巧克力方模放在上面，下压切出正方形，去除多余的面皮。放入冰箱冷藏待用。

制作花生海绵蛋糕夹层中的蛋白霜

将蛋清用电动打蛋器高速打发至干性发泡。逐量加糖，制成蛋白霜。

制作海绵蛋糕坯

将烤箱预热至160℃。将面粉和玉米淀粉一同过筛。将花生用食物料理机打成粗粒。在搅拌碗中混合全蛋液、蛋黄、糖、花生碎、过筛的面粉和玉米淀粉。拌入温热的融化黄油。用刮刀小心地拌入蛋白霜。将面糊倒在花生面皮上，烘烤20~30分钟。烤好后摸起来应仍富弹性。放凉待用。

制作咸黄油焦糖

在深底锅中，将糖和葡萄糖浆用干焦糖法制成焦糖。另取一口深底锅，加热重质掼奶油。将香草荚纵向剖开，刮出香草籽。当焦糖熬好后，小心地倒入热奶油中，然后加入甜炼乳，再拌入香草籽。称量焦糖的混合物，使总重量达到150克，如果不够，可以加水。加入黄油和盐之花，用食物料理机搅拌均匀。放凉待用。将焦糖倒在放凉的海绵蛋糕坯上，随后放入冰箱冷冻。将刀在热水中蘸一下，把焦糖切成长10厘米、宽2厘米的块。裹涂巧克力前，在焦糖上插入半颗花生仁。

制作巧克力涂层

将装有牛奶巧克力碎和淋酱的碗置于锅中刚刚开始冒细泡的热水上（水浴法），加热至35℃。将可可脂加热至40℃，使其化开。倒入葡萄子油，然后将化开的可可脂倒入巧克力的混合物中，搅拌，直到均匀融合。

组装巧克力块

将巧克力块用牙签浸入巧克力涂层中，直到完全浸裹，然后放在烘焙纸上。趁巧克力涂层还未凝固，撒上些焙烤的对半分开的花生仁。装饰上可食用金箔碎片。静置至完全定形。放入冰箱，享用时取出即可。

巧克力浆果块

BARRES FRUITS ROUGES

制作10块

制作时间

2小时

烘烤时间

30~40分钟

冷藏时间

4小时

定形时间

30~45分钟

存放时间

放入密封容器中，在16~18℃的环境中可保存1周

工具

边长16厘米的巧克力方模
电动打蛋器
即时读数温度计
牙签
硅胶刮刀
主厨刀

食材

甜面团
黄油 90克
细砂糖 90克
杏仁粉 60克
面粉 90克

海绵蛋糕坯
全蛋液 75克
细砂糖 60克
蜂蜜（最好为槐花蜜）15克
面粉 75克
泡打粉 2.5克
盐 1小撮
柠檬皮细屑（最好为有机柠檬）1/4个量
黄油 70克
新鲜覆盆子 20颗

覆盆子蔓越莓果冻
覆盆子泥 100克
蔓越莓汁 40毫升
细砂糖112克
NH果胶 6克
蔓越莓干 80克

巧克力涂层
可可含量66%的考维曲黑巧克力 500克
黑巧克力淋酱 200克
葡萄子油 50毫升
可可脂 70克

制作甜面团

将室温黄油在搅拌碗中搅打至柔软细滑。加入糖、杏仁粉和面粉。将食材用手揉成光滑的面团。用保鲜膜裹好，放入冰箱冷藏2小时。在烤盘中铺上烘焙纸。将面团擀成4毫米厚的面皮，将巧克力方模放在面皮上，下压切割。将面皮连同模具一起在烤盘中放入冰箱冷藏待用，与此同时制作海绵蛋糕坯。

制作海绵蛋糕坯

将烤箱预热至180℃。将鸡蛋、糖、蜂蜜放入搅拌碗中，用电动打蛋器搅拌至混合物呈丝滑的状态。将面粉、泡打粉和盐过筛，拌入鸡蛋、糖和蜂蜜的混合物中。加入柠檬皮细屑，然后倒入冷却的融化黄油，用刮刀翻拌至混合。将面糊倒在模具中的甜面皮上。将覆盆子整齐地摆放在顶部，烘烤15~20分钟，至蛋糕坯摸起来富有弹性，表面呈浅金黄色。室温下凉透后放入冰箱。

制作覆盆子蔓越莓果冻

在深底锅中，将覆盆子泥、蔓越莓汁和100克糖加热至40℃。将12克糖和果胶混合后倒入热浆果的混合物中，烧开，其间不停地搅拌，然后将其倒在冷藏好的海绵蛋糕坯上。在果冻顶部放上蔓越莓干，放凉，然后放入冰箱冷藏约2小时，直到完全凝固。

制作巧克力涂层

将装有黑巧克力碎和黑巧克力淋酱的碗置于锅中刚刚开始冒细泡的热水上（水浴法）。当混合物达到35℃时，拌入葡萄子油。将可可脂加热至40℃，使其化开，然后倒入巧克力的混合物中，搅拌，直到均匀融合。

组装巧克力块

在烤盘中铺上烘焙纸。将刀在热水中蘸一下，把制好的夹层切成长10厘米、宽2厘米的块。在每个长方块的顶部插两根牙签。将长方块浸入巧克力涂层中，果冻夹心层浸裹时间要短，不要将果干完全包裹。放在事先铺好烘焙纸的烤盘中，静置，直至完全凝固。

巧克力榛子百香果块

BARRES PASSION

制作10块

制作时间

2小时

烘烤时间

30分钟

冷藏时间

3小时

定形时间

30~45分钟

存放时间

放入密封容器中，在冰箱冷藏可保存1周

工具

立式搅拌机
边长16厘米的巧克力方模
食物料理棒
即时读数温度计
擀面杖
主厨刀

食材

榛子面团
面粉 75克
糖粉 12.5克
黄油 60克
榛子粉 50克
发酵粉 0.25克
全蛋液 15克

海绵蛋糕坯
榛子粉 90克
黄油 75克
糖粉 90克
全蛋液 60克

百香果甘纳许
吉利丁片 4克
重质掼奶油 100毫升
转化糖 25克
白巧克力碎 300克
百香果泥 40克

巧克力涂层
可可含量36%的考维曲白巧克力 600克
白巧克力淋酱 200克
葡萄子油 50毫升
可可脂 70克
黄色可可脂 20克
无糖椰蓉 100克

制作榛子面团

将面粉和糖粉一同过筛。将立式搅拌机装上平搅器，在搅拌碗中放入面粉、糖粉、切成小块的黄油、榛子粉和发酵粉。搅拌至混合物成为颗粒状，然后加入全蛋液，搅拌成光滑的面团。将面团揉成球形，裹上保鲜膜，放入冰箱冷藏20分钟。将烘焙纸铺在烤盘中。将面团擀成4毫米厚的面皮。将方形模具放在面皮上，下压切割。放入冰箱冷藏待用，与此同时制作海绵蛋糕坯。

制作海绵蛋糕坯

将烤箱预热至160℃。在烤盘中铺上烘焙纸。将榛子粉均匀地撒在烤盘中，烘烤，时间不要超过10分钟。从烤盘中取出榛子粉，放凉待用。将烤箱温度升至180℃。在搅拌碗中，将室温黄油和糖粉搅打至顺滑细腻。混入榛子粉，然后再逐量加入全蛋液，搅打至混合。将面糊倒在榛子面皮上，整平，烘烤约20分钟，直到海绵蛋糕坯呈金黄色、摸起来富有弹性。放凉待用。

制作百香果甘纳许

将吉利丁片放入盛有冷水的碗中浸软。将重质掼奶油和转化糖烧开。将加热的液体倒在白巧克力碎上使其化开，用食物料理棒搅打成乳霜状。将吉利丁片上多余的水分挤干，拌入至完全溶解。淋入百香果泥，不停地低速搅拌，避免产生气泡。将甘纳许倒在模具中的榛子海绵蛋糕坯上，放入冰箱冷藏至少3小时，直到完全凝固。将刀在热水中蘸一下，把制好的夹层切成长10厘米、宽2厘米的块。

制作巧克力涂层

将装有白巧克力碎和白巧克力淋酱的碗置于锅中刚刚开始冒细泡的热水上（水浴法），加热至35℃，然后拌入葡萄子油。将可可脂以同样的方法加热至40℃，拌入黄色可可脂。将该混合物倒入白巧克力和淋酱的混合物中，搅拌，直到均匀融合。将巧克力块浸入至完全裹上涂层，然后撒上椰蓉。将巧克力块放在铺有烘焙纸的烤盘中，静置定形即可。

巧克力风味饮料

热巧克力
CHOCOLAT CHAUD

制作4杯（约1升）

制作时间
10分钟

存放时间
立即享用

食材
全脂牛奶 500毫升
重质掼奶油 500毫升
细砂糖 40克
可可含量70%的黑巧克力碎 150克
可可含量65%的黑巧克力碎 150克

将全脂牛奶、重质掼奶油和细砂糖在大深底锅中烧开。

将两种黑巧克力碎倒入碗中。

将热牛奶和奶油的混合物一点一点地倒在巧克力碎上，不停地搅拌直到顺滑。

趁热享用即可。

辛香热巧克力

CHOCOLAT CHAUD ÉPICÉ

制作4杯（约1升）

制作时间

10分钟

浸泡时间

20分钟

存放时间

立即享用

食材

低脂牛奶 500毫升
姜饼用香料粉 2克
肉桂棒 2根
可可含量60%的黑巧克力碎 100克
可可含量40%的牛奶巧克力碎 100克
可可含量70%的黑巧克力碎 100克

将低脂牛奶在大深底锅中烧开。离火，拌入香料粉，放入肉桂棒。浸泡约20分钟后过滤。

将三种巧克力碎倒入碗中。

将浸泡后的牛奶再次烧开。将热牛奶一点一点地倒在巧克力碎上，不停地搅拌直到顺滑。

如有需要，可再次加热，随后趁热享用即可。

香缇奶油巧克力饮
CHOCOLAT LIÉGEOIS

制作6~8杯

制作时间
10分钟

熬煮时间
5分钟

冷藏时间
约1小时（如需冷饮）

存放时间
立即享用

工具
高身玻璃杯
装有齿形裱花嘴的裱花袋

食材
热巧克力
全脂牛奶 500毫升
重质掼奶油 500毫升
细砂糖 40克
可可含量70%的黑巧克力碎 150克
可可含量65%的黑巧克力碎 150克

马斯卡彭香缇奶油
马斯卡彭奶酪 50毫升
重质掼奶油 200毫升
香草荚 1根
细砂糖 15克
无糖可可粉 少量（装饰用）

制作热巧克力

使用列出的食材，制作热巧克力（做法详见第166页）。如果喜欢冷饮，可以先放凉然后冷藏。

制作马斯卡彭香缇奶油

将马斯卡彭奶酪倒入碗中，用一点重质掼奶油稀释。将香草荚纵向剖开，刮出香草籽。把香草籽和细砂糖倒入剩余的重质掼奶油中，搅拌均匀。将混合物倒入稀释的马斯卡彭奶酪中，搅打至湿性发泡。

组装

将巧克力热饮或冷饮分装在高身玻璃杯中。用装有齿形裱花嘴的裱花袋，在巧克力饮料上挤出马斯卡彭香缇奶油花，最后撒上一点无糖可可粉，即可享用。

巧克力奶昔
MILKSHAKE AU CHOCOLAT

制作4杯（每杯225毫升）

制作时间
50分钟

熟化时间
12小时

冷冻时间
约4小时

冷藏时间
不少于20分钟

存放时间
立即享用

工具
硅胶刮刀
食物料理棒
即时读数温度计
冰淇淋机
冰淇淋盛装盒
搅拌机
高身玻璃杯 4只

食材
低脂或全脂牛奶 400毫升
无糖可可粉 70克

巧克力雪葩
可可含量70%的黑巧克力碎 325克
水 1升
奶粉 20克
细砂糖 250克
蜂蜜 50克

制作巧克力雪葩

将装有黑巧克力碎的碗置于锅中刚刚开始冒细泡的热水上（水浴法），使其化开。在深底锅中，将水、奶粉、细砂糖和蜂蜜烧开，持续沸煮2分钟。将熬煮好的三分之一的牛奶糖浆淋入化开的巧克力中。用刮刀以画小圈的方式快速搅拌混合，使中心变得有延展性、富有光泽。用同样的方式再混合三分之一的糖浆，然后混合最后的三分之一。用食物料理棒搅拌几秒钟，直到混合物呈顺滑的乳霜状。将混合物倒回深底锅中加热至85℃，不停地搅拌。放凉，倒入密封容器中，放入冰箱熟化至少12小时。取出后用食物料理棒快速搅拌，然后倒入冰淇淋机中。根据厂商提供的说明书搅拌制作。倒入冰淇淋盛装盒（或其他容器中），抹平表面，盖上密封盖，冷冻4小时或更长时间，直到变硬。

制作奶昔

将4只高身玻璃杯放入冰箱冷藏至少20分钟。在搅拌机中放入400克雪葩（剩余留做他用）、牛奶和无糖可可粉，充分搅拌。均匀地分装在玻璃杯中，即可享用。

名厨笔记 CHEFS’ NOTES

- 巧克力雪葩可以用黑巧克力冰淇淋、牛奶巧克力冰淇淋或白巧克力冰淇淋代替。

爱尔兰咖啡巧克力

IRISH COFFEE CHOCOLAT

制作10杯

制作时间
45分钟

浸泡时间
24小时

烘烤时间
8分钟

冷藏时间
1小时30分钟

存放时间
立即享用

工具
即时读数温度计
耐热硬胶刮勺
食物料理棒
一次性裱花袋3个
硅胶烤垫
直径约7厘米的圆形饼干模（与玻璃杯口径一致）
约4厘米宽的三叶草形饼干模
立式搅拌机
直径约7厘米的玻璃杯 10个

食材

咖啡奶油
咖啡豆 15克
重质掼奶油 40毫升
吉利丁片 2.5克
全脂牛奶 50毫升
蛋黄 30克
细砂糖 10克
牛奶巧克力碎 40克
黄油 25克

巧克力黄油甜酥饼干
面团做法详见第64页

黑巧克力慕斯
可可含量70%的黑巧克力碎 75克
细砂糖 20克
琼脂 1克
全脂牛奶 250毫升
重质掼奶油 125毫升

马斯卡彭奶酪掼奶油
马斯卡彭奶酪 50克
重质掼奶油 200毫升
细砂糖 15克
香草荚 1根

咖啡威士忌冻
琼脂 4克
水 300毫升
细砂糖 50克
威士忌 100毫升
速溶咖啡颗粒 3.5克

制作咖啡奶油（提前一天完成）

将咖啡豆在重质掼奶油中浸泡24小时，在冰箱中冷藏存放。第二天，将吉利丁片放入盛有冷水的碗中软化。将重质掼奶油过滤到深底锅中，倒入全脂牛奶，烧开。将蛋黄和细砂糖混合，搅拌至发白浓稠。拌入一点热牛奶和奶油的混合物，然后倒回深底锅中。用刮勺不停地搅拌，将其加热至可以裹覆勺背，然后倒在牛奶巧克力碎上，搅拌至顺滑。挤干吉利丁片上的水分，拌入至溶化。在冰箱中冷却至35℃，然后加入切成小块的室温黄油。用食物料理棒搅拌至顺滑。用一次性裱花袋在每只杯子的底部挤入一层咖啡奶油，填至杯子的三分之一处。冷藏30分钟。

制作巧克力黄油甜酥饼干

将烤箱预热至170℃，在烤盘中铺上硅胶烤垫。将面团擀成2毫米厚，然后用圆形饼干模切出10个圆片，再用三叶草形饼干模在圆片的中心压出三叶草。烘烤8分钟。

制作黑巧克力慕斯

将装有黑巧克力碎的碗置于锅中刚刚开始冒细泡的热水上（水浴法）。将细砂糖和琼脂混合均匀，与全脂牛奶和25毫升的重质掼奶油一起倒入深底锅中，烧开。将烧开的混合物倒入化开的巧克力中，每次倒三分之一的量，然后用食物料理棒搅拌至顺滑。放凉。将剩余的重质掼奶油搅打至湿性发泡。当巧克力放凉至35℃时，轻柔地拌入打发的奶油中。用一次性裱花袋在咖啡奶油上挤一层慕斯，填至玻璃杯的三分之二处，冷藏30分钟。

制作马斯卡彭奶酪掼奶油

给立式搅拌机装上打蛋笼，将马斯卡彭奶酪在搅拌碗中略微打散。将香草荚纵向剖开，刮出香草籽。将重质掼奶油、细砂糖和香草籽加入搅拌碗中，搅打至干性发泡。用一次性裱花袋将掼奶油填满玻璃杯剩余的三分之一，放入冰箱冷藏定形30分钟。

制作咖啡威士忌冻

将琼脂和水烧开，沸煮2分钟，不停地搅拌，直到琼脂完全溶解。拌入糖和威士忌。离火，倒入速溶咖啡颗粒，搅拌至溶解。将混合物放凉，但不要凝固。在马斯卡彭奶酪掼奶油上浇一层放凉的咖啡威士忌冻。待略微凝固，放上黄油甜酥饼干即可。

巧克力经典

黑巧克力、牛奶巧克力和白巧克力慕斯

MOUSSES AUX CHOCOLATS

8人份

制作时间
1小时

冷藏时间
2小时

存放时间
放入冰箱冷藏可保存2天

工具
电动搅拌器
硅胶刮刀

食材

卡仕达奶油酱
全脂牛奶 100毫升
重质掼奶油 100毫升
细砂糖 30克
蛋黄 30克

黑巧克力慕斯
可可含量64%的黑巧克力碎 100克
黄油 75克
无糖可可粉 50克
卡仕达奶油酱（见上方食材）250克
吉利丁粉 4克
水 25毫升
重质掼奶油 500毫升
糖粉 50克

牛奶巧克力慕斯
可可含量40%的牛奶巧克力碎 100克
黄油 50克
卡仕达奶油酱（见上方食材）250克
吉利丁粉 8克
水 50毫升
重质掼奶油 500毫升
糖粉 50克

白巧克力慕斯
可可含量35%的白巧克力碎（最好为法芙娜白巧克力）200克
黄油 50克
卡仕达奶油酱（见上方食材）250克
吉利丁粉 8克
水 48毫升
重质掼奶油 500毫升
糖粉 50克

制作卡仕达奶油酱

使用列出的食材，制作卡仕达奶油酱（做法详见第48页，不使用巧克力）。

制作慕斯

三种巧克力慕斯的制作：将巧克力碎和切成小块的黄油倒入碗中，置于锅中刚刚开始冒细泡的热水上（水浴法）。如果是制作黑巧克力慕斯，拌入无糖可可粉。

在深底锅中，加热卡仕达奶油酱。加热过程中，将吉利丁粉溶解在水中，然后倒入加热好的卡仕达奶油酱中。将卡仕达奶油酱和吉利丁粉溶液的混合物倒在化开的巧克力和黄油上，搅拌均匀。用电动搅拌器将重质掼奶油和糖粉搅打至干性发泡。

用刮刀轻柔地将打发的奶油拌入巧克力卡仕达奶油酱的混合物中。分装到小碗中，冷藏2小时。

布朗尼
BROWNIES

4人份

准备时间
30分钟

制作时间
25~30分钟

存放时间
用保鲜膜裹好置于干燥处，可保存三四天

工具
立式搅拌机
即时读数温度计
边长18厘米的正方形浅烤盘
硅胶刮刀

食材
黄油100克+少量涂抹模具用
黑巧克力碎 120克
全蛋液 100克
细砂糖 60克
面粉 40克+少量撒模具用
核桃仁 30克

将烤箱预热至160℃。将模具内刷上黄油，撒上面粉。将巧克力碎和切成小块的黄油倒入碗中，置于锅中刚刚开始冒细泡的热水上（水浴法），使其化开。

给立式搅拌机装上打蛋笼，将鸡蛋和细砂糖一起搅打至少7分钟，直到发白浓稠。

当化开的巧克力温度达到45℃时，倒入鸡蛋和细砂糖的混合物中，每次加三分之一，中速搅拌，确保混合物保持打发状态，没有消泡。

将面粉和对半分开的核桃仁用刮刀一点点拌入。

将面糊倒入准备好的模具中，烘烤25~30分钟。

放凉后切块。

名厨笔记 CHEFS' NOTES

- 布朗尼可以搭配卡仕达酱、香缇奶油酱或香草冰淇淋一同享用。可以用碧根果或夏威夷果代替核桃仁，还可以添加小块的白巧克力或牛奶巧克力。

熔岩巧克力蛋糕
MOELLEUX AU CHOCOLAT

8~10人份

制作时间
30分钟

烘烤时间
15~20分钟

存放时间
立即享用

工具
直径7厘米的蛋糕圈
或小烤盘 8~10个
即时读数温度计
电动搅拌器
硅胶刮刀

食材
可可含量58%的考维曲黑巧克力碎 300克
黄油 50克+少量涂抹模具用
蛋黄 200克
细砂糖 75克
法式发酵酸奶油或重奶油 75毫升
面粉 20克
蛋清 300克

装饰
糖粉 适量

将烤箱预热至180℃。将蛋糕圈内侧抹上黄油，放在铺有烘焙纸的烤盘上。

将黑巧克力碎和切成小块的黄油倒入碗中，置于锅中刚刚开始冒细泡的热水上（水浴法），使其化开，直到温度升至40℃。

在搅拌碗中，将蛋黄和三分之二的细砂糖搅打至发白浓稠。拌入法式发酵酸奶油或重奶油，然后用刮刀拌入面粉，只要混合即可。拌入化开的巧克力黄油。

用电动搅拌器搅打蛋清和剩余的细砂糖，直到干性发泡。

用刮刀小心地将打好的蛋白拌入巧克力的混合物中。

将面糊倒入准备好的模具中，烘烤15~20分钟，直到顶部摸上去是硬实的。

小心地脱模，在每块蛋糕上撒点糖粉装饰，即可上桌。

名厨笔记 CHEFS' NOTES

- 未经烘烤的面糊可以很好地冷冻保存。
- 烘烤前，可以在每块蛋糕的中心处插一小片巧克力。

大理石蛋糕
CAKE MARBRÉ

4~6人份

准备时间
1小时

制作时间
35~40分钟

存放时间
用保鲜膜裹好置于干燥处，可保存1周
冷冻可保存2个月

工具
立式搅拌机
长14厘 米、 宽7.3厘米、深7厘米的长方形烤模
一次性裱花袋 2个
硅胶刮刀

食材
黄油 80克
糖粉 90克
转化糖 8克
全蛋液 100克
香草精 1克
盐 1小捏
面粉 100克
泡打粉 1克
无糖可可粉 8克

在长方形模具中铺上烘焙纸。将软化后的黄油、糖粉和转化糖用立式搅拌机搅打至混合，之后放入全蛋液、香草精和盐，继续搅打至顺滑。

将面粉和泡打粉一同过筛，拌入混合物中。将烤箱预热至200℃。

将面糊分成等量的两份，分别放入两只碗中，用刮刀在其中一份面糊中拌入无糖可可粉。

将两份面糊分别装入两只裱花袋中，剪掉裱花袋顶端，在长方形模具中交替挤上巧克力面糊和普通面糊，直到填至四分之三处。

用刀尖或牙签划“之”字，使两种面糊形成大理石花纹。烘烤15分钟，之后将烤箱温度调低至160℃，再烘烤20~25分钟。

名厨笔记 CHEFS' NOTES

- 检查是否做好，可将刀尖插进去，若拔出来时刀是干净的，则可将其从烤箱取出。

巧克力费南雪
FINANCIERS AU CHOCOLAT

制作10块

制作时间
20分钟

静置时间
12小时或过夜

烘烤时间
15~20分钟

定形时间
20分钟

存放时间
放入密封容器中，可保存5天

工具
细网筛
即时读数温度计
电动搅拌器
长10厘米、宽2.5厘米、深1.5厘米的费南雪模具
一次性裱花袋
食品玻璃纸
曲柄抹刀

食材
黄油 125克+少量涂抹模具用
糖粉 50克
杏仁粉 50克
细砂糖 100克
面粉 37克
无糖可可粉 13克
蛋清 150克

装饰
可可含量56%的黑巧克力 300克
可可碎粒 50克
无糖可可粉 适量

在深底锅中，使黄油化开并熬至棕色，然后用细网筛过滤，放凉待用。黄油必须冷却至35~40℃才能进行接下来的步骤。

将所有的干性食材混合，加入蛋清。用电动搅拌器搅打至泡沫状。倒入棕色黄油中，混合均匀。

盖好，在阴凉的室温环境下，静置12小时。

将烤箱预热至200℃。如果模具不是硅胶材质，提前用黄油涂抹内壁。

搅拌面糊，舀入裱花袋中，挤入模具，填至四分之三处，烘烤约15分钟至刚刚变硬。在冷却架上放凉。

制作装饰

将黑巧克力调温（做法详见第26~31页）。在食品玻璃纸上倒一些巧克力，用曲柄抹刀均匀地抹成二三毫米的薄涂层。略微凝固，然后切成10片长10厘米、宽2厘米的巧克力片。静置，直到完全凝固。将剩余的巧克力再次调温。将可可碎粒撒在盘中。将每块巧克力片快速浸入调温巧克力中，使一条长边裹上巧克力液，然后立即蘸可可碎粒。借助化开的巧克力，将巧克力片装饰粘到费南雪上。用抹刀或类似工具为巧克力片撒上可可粉。

巧克力黄油甜酥饼干
SABLÉS AU CHOCOLAT

制作约16块

制作时间
45分钟

冷藏时间
20分钟

烘烤时间
15分钟

存放时间
放入密封容器中，可保存2周

工具
硅胶刮刀
细网筛
擀面杖
硅胶烤垫
直径5厘米的饼干模

食材
黄油 150克
细砂糖 80克
蛋黄 40克
榛子碎 80克
无糖可可粉 20克
面粉 120克
盐之花 1小撮

要确保让黄油足够软化，可以提前在室温下放置片刻。

在搅拌碗中，将黄油、细砂糖和蛋黄用刮刀拌匀。

倒入榛子碎和过筛的无糖可可粉。最后，倒入盐之花和过筛的面粉，混合均匀即可。此时面团应该是光滑的。

将面团放置在两张烘焙纸之间，用擀面杖擀成长22厘米、宽20厘米的长方形，厚度不要超过1厘米。

平整地放入冰箱冷藏约20分钟，直到面团略微硬实。

将硅胶烤垫铺在烤盘中，将烤箱预热至170℃。

用饼干模切出16个圆片。切割后剩余的面团可再次利用。

将圆片放在烤垫上，烘烤15分钟。烤好后的饼干会有些软，但放凉后会变硬。小心地在冷却架上放凉。

巧克力碎曲奇
COOKIES

制作25块

准备时间
30分钟

冷藏时间
30~40分钟

制作时间
12~15分钟

存放时间
密封容器中可保存2周

工具
硅胶刮刀
细网筛

食材
黄油 160克
黄砂糖 160克
全蛋液 50克
香草荚 1根
面粉 250克
泡打粉 3克
黑巧克力碎 40克
白巧克力碎 120克
杏仁片 25克

将香草荚纵向剖开，刮出香草籽。将软化后的黄油和黄砂糖用刮刀混合，之后拌入全蛋液和香草籽。

将面粉和泡打粉过筛后拌入黄油和黄砂糖的混合物中。一旦混合，立刻拌入两种巧克力碎和杏仁片。

将面团滚搓成长15厘米、直径为5厘米的圆柱。

用保鲜膜裹好，冷藏30~40分钟。将烤箱预热至180℃。

将烤盘内铺上烘焙纸。移除保鲜膜，将面团切成1厘米厚的圆片。

将圆片放在烤盘里，留出空间（因饼干会胀大），烘烤12~15分钟。

巧克力蛋糕
CAKE AU CHOCOLAT

4~6人份

准备时间
25分钟

制作时间
50分钟

存放时间
用保鲜膜裹好置于干燥处，可保存3天。

工具
糕点刷
硅胶刮刀
细网筛
长14厘 米、 宽7.3厘米、深7厘米的长方形烤模
立式搅拌机
纸锥袋（做法详见第124页）

食材
杏仁含量50%的杏仁膏 70克
细砂糖 85克
鸡蛋 100克
面粉 90克
无糖可可粉 15克
泡打粉 3克
全脂牛奶 75克
黄油 87克+少量涂抹模具用

填馅
整颗无盐开心果 25克
整颗榛子 50克
糖渍橙皮 25克

将烤模内壁刷上黄油，再薄薄地撒上面粉。将杏仁膏用刮刀搅拌至软化。

给立式搅拌机装上打蛋笼，将杏仁膏和细砂糖混合在一起，之后将鸡蛋逐个放入。充分混合后，用刮刀翻拌10分钟，使混合物变得膨松。

将面粉、无糖可可粉和泡打粉一起过筛。将牛奶倒入杏仁膏的混合物中，再拌入一半的干性原料。

将烤箱预热至150℃。将榛子铺在烤盘中，烘烤15分钟。冷却后切碎。将烤箱温度调高至200℃。

将开心果大致切碎，将糖渍橙皮切成细细的小丁。将坚果碎和橙皮小丁裹上剩余的干料，倒入面糊中。

将85克融化的微温黄油拌入。将面糊倒入烤模中，填至四分之三处。在烤箱中放置10分钟。

将烤模从烤箱中取出。将纸锥袋填上2克的软化黄油后，将黄油沿着面糊中央从头至尾挤一道。放入烤箱，将烤箱温度调至160℃，烘烤30~35分钟。

待彻底冷却后再进行脱模。

吉安杜佳布里欧修

BRIOCHE GIANDUJA

制作10个

制作时间
2小时30分钟

第一次发酵时间
1小时

冷藏时间
2小时

第二次发酵时间
3小时

烘烤时间
10分钟

存放时间
用保鲜膜裹紧，放于阴凉干燥处可以保存1周
放入冰箱冷冻，可以存放数月

工具
立式搅拌机
即时读数温度计
装有直径12毫米圆形裱花嘴的裱花袋
金属细尖长裱花嘴

食材

巧克力布里欧修
白面包粉 480克
无糖可可粉 20克
盐 12.5克
细砂糖 75克
鲜面包酵母 20克
全蛋液 300克
全脂牛奶（冷藏待用）25毫升
黄油 200克
可可含量56%的黑巧克力 100克
巧克力碎 200克

蛋液
全蛋液 50克
蛋黄 50克
全脂牛奶 50毫升

巧克力碎屑装饰
黄油 70克
面粉 50克
黄糖 100克
杏仁粉 40克
无糖可可粉 20克
可可碎粒 75克

吉安杜佳填馅
吉安杜佳巧克力 200克

制作巧克力布里欧修面团

使用列出的食材，制作巧克力布里欧修面团（做法详见第79页），静置发酵1小时。将面团分成10等份，每份65克，揉成球形，放在铺有烘焙纸的烤盘中。静置发酵3小时或发酵至原本体积的两倍。

制作蛋液

将材料混合后搅打均匀，刷在布里欧修面团上。

制作巧克力碎屑装饰

将烤箱预热至220℃。将巧克力碎屑装饰所需的食材用手混合，直到成为粗糙的沙粒状。将碎屑撒在布里欧修面球上，烘烤10分钟。完全放凉。

给布里欧修填充馅料

将吉安杜佳巧克力加热至28℃，使其略微化开，然后放入裱花袋中。用金属细尖长裱花嘴，在每个布里欧修底部戳一个洞，然后在布里欧修中心挤入化开的吉安杜佳巧克力。

名厨笔记 CHEFS’ NOTES

- 蛋糕冷却后用保鲜膜裹好，以保持湿润。

巧克力挞
TARTE AU CHOCOLAT

6人份

准备时间
1小时

冷藏时间
30分钟

制作时间
45分钟~1小时

冷却时间
约1小时

存放时间
冰箱冷藏可保存2天

工具
立式搅拌机
细网筛
擀面杖
直径23厘米的挞圈或浅盘
即时读数温度计
食物料理棒

食材

甜酥面团
面粉 125克
糖粉 50克
黄油 50克
全蛋液 30克
盐 2克
香草精 适量

巧克力馅
重质掼奶油 70毫升
半脱脂牛奶 70克
细砂糖 25克
可可含量70%的考维曲黑巧克力 135克
全蛋液 50克
蛋黄 20克
香草精 适量

镜面装饰
牛奶 25克
水 10克
细砂糖 10克
可可含量58%的考维曲黑巧克力碎片 25克
烘焙用黑巧克力膏 25克

装饰
可食用金箔片（可选）

制作甜酥面团

给立式搅拌机装上平搅器，将香草精、面粉和糖粉过筛到搅拌碗中，放入切成小块的黄油，搅拌至混合物成为粗糙的面屑。在另一只碗中放入鸡蛋和盐，与立式搅拌机的原料混合，略微搅拌制成面团。用保鲜膜裹好，放入冰箱冷藏30分钟。将烤箱预热至170℃。将面团擀开，嵌入挞圈中。预先烘焙20分钟。取出挞底，让烤箱保持工作状态。

制作巧克力馅

将重质掼奶油、牛奶和细砂糖在锅中加热至60℃，使糖化开。与此同时，迅速用微波炉加热，使巧克力化开，或者将装有巧克力的碗坐入盛有热水的锅中慢火加热。在热奶油混合物中拌入液态巧克力，接着依次放入全蛋液、蛋黄和香草精，用食物料理棒搅打至顺滑。

制作镜面装饰

将牛奶、水和细砂糖在小锅中加热至沸腾。将巧克力和烘焙用黑巧克力膏放在碗中，倒在煮沸的混合物上。用食物料理棒搅打至顺滑。

组装和烘烤

将巧克力馅填入挞壳中，放入烤箱烘烤至巧克力馅的边缘略微升高（约25分钟）。放凉。待镜面温度降至35℃时，将其倒在放凉的挞上。如果有金箔片的话，可用一小块作为装饰。

巧克力舒芙蕾
SOUFFLÉ AU CHOCOLAT

8人份

制作时间
45分钟

烘烤时间
20~25分钟

存放时间
立即享用

工具
硅胶刮刀
电动打蛋器或立式搅拌机
直径9厘米、深4.5厘米的小烤盅 8个

食材
糕点奶油酱
全脂牛奶 400毫升
鸡蛋 80克
细砂糖 80克
卡仕达粉 40克
可可含量100%的纯可可酱 60克

舒芙蕾
蛋清 300克
细砂糖 100克 + 少量撒模具用
无糖可可粉 适量
黄油 适量

制作糕点酱

在大的深底锅中，将牛奶烧开。同时，在搅拌碗中，将鸡蛋和细砂糖搅打至发白浓稠，然后拌入卡仕达粉。当牛奶开始沸腾时，倒一半在鸡蛋和糖的混合物中，不停地搅拌，稀释并提升混合物的温度。将混合物倒回深底锅中，烧开，不停地搅拌。当混合物变稠后，加入可可酱，彻底搅拌均匀。离火，静置待用。

制作舒芙蕾

将烤箱预热至190℃。在每个烤盅内抹上软化黄油，然后在内壁和底部撒上一点细砂糖。用立式搅拌机或电动打蛋器搅打蛋清，将100克细砂糖逐量加入，直到混合物成为蛋白霜的质感。用刮刀小心地将蛋白霜拌入糕点酱中。将舒芙蕾面糊填入烤盅，抹平顶部。用手指沿着烤盅边缘抹一圈，去掉多余的面糊。将烤盅放入烤箱中。烘烤舒芙蕾的过程中不要打开烤箱门，以保持烤箱中的蒸汽。烘烤20~25分钟，直到漂亮地膨起。撒上无糖可可粉，即可享用。

名厨笔记 CHEFS' NOTES

· 一定要使用100%的无糖纯可可膏。

巧克力玛德琳
MADELEINES AU CHOCOLAT

制作35个

制作时间
15分钟

冷藏时间
12小时或过夜

烘烤时间
8分钟

存放时间
用保鲜膜裹好，在干燥处可保存1周

工具
金属玛德琳烤盘 2~3个
一次性裱花袋
刨丝器

食材
鸡蛋 300克
细砂糖 230克
蜂蜜 70克
面粉 260克+少量撒模具用
泡打粉 10克
无糖可可粉 30克
橙皮细屑 1个量
柠檬皮细屑 1个量
盐 3克
可可含量64%的黑巧克力 50克
黄油 250克+少量涂抹模具用

将鸡蛋、细砂糖和蜂蜜放入搅拌碗中，搅打至混合物呈现出丝滑的状态。

将面粉（260克）、泡打粉和无糖可可粉一同过筛，拌入搅打好的鸡蛋的混合物中。

拌入橙皮细屑、柠檬皮细屑和盐。

将黄油（250克）融化后冷藏降温，将化开的巧克力与黄油拌到一起，然后倒入面粉和鸡蛋的混合物中。

将混合物放入裱花袋中，冷藏至少12小时。

将烤箱预热至240℃。在玛德琳模具中涂抹冰凉的融化黄油，并撒上面粉。将模具放入冰箱中冷藏10~15分钟。

剪掉裱花袋的尖端，将面糊挤入模具中，填至四分之三处。放入冰箱，再冷藏10~15分钟。

烘烤4分钟，然后将烤箱温度调低至180℃，再烘烤4分钟。

将模具倒扣，在冷却架上放凉。

名厨笔记 CHEFS' NOTES

- 食谱中的黑巧克力，可以替换成牛奶巧克力。

巧克力果干杏仁团
ROCHERS CHOCOLAT AUX FRUITS SECS

制作30~40个

制作时间
40分钟

定形时间
至少1小时

存放时间
密封容器中，可保存2周

工具
糖果温度计
耐热硬胶刮勺

食材

焦糖杏仁
细砂糖 150克
香草荚 1根
水 40毫升
杏仁片 500克
黄油 20克

杏仁果干团的混合物
焦糖杏仁（见上方食材）600克
糖渍橙皮 50克
蔓越莓干 50克
杏干碎 50克
可可含量64%的黑巧克力碎 350克
可可脂 30克

制作焦糖杏仁

在烤盘中铺上烘焙纸。将香草荚纵向剖开，刮出香草籽。在深底锅中，将细砂糖、香草荚、香草籽和水一起加热至117℃，然后拌入杏仁片。用防热刮勺不停地搅拌，直到混合物中的糖呈颗粒状且均匀地裹在杏仁片上。继续搅拌（这样做很有必要，以免杏仁片烧焦），直到成为焦糖。当糖变成金黄色时，拌入黄油。将焦糖杏仁倒在提前准备好的烤盘中，摊开，静置放凉。

制作杏仁果干团

将烤箱预热至50℃。在烤盘中铺上烘焙纸，撒上焦糖杏仁、糖渍橙皮、蔓越莓干和杏干碎。关掉烤箱，放入烤盘。让其微微温热。混合物的温度必须为31℃，以便下一步骤中的巧克力能很好成形。将黑巧克力碎调温（做法详见第26~31页）。将可可脂加热至31℃，使其化开，拌入化开的黑巧克力中。加入略微温热的果干和焦糖杏仁，搅拌均匀。在烤盘中换上干净的烘焙纸。用勺子舀出一团一团的混合物，以相同间隔摆放在烘焙纸上。静置定形至少1小时。

名厨笔记 CHEFS' NOTES

- 可以用其他果干替换食谱中使用的果干，比如切碎的芒果干或葡萄干。
- 可以用玉米片替换杏仁片，不过就没有必要裹上焦糖了。
- 食谱中的黑巧克力也可以替换成牛奶巧克力或白巧克力。

巧克力细棒饼干

MIKADO

制作50根（每根15克）

制作时间
1小时

冷藏时间
12小时或过夜

发酵时间
20分钟

烘烤时间
30分钟

定形时间
10~15分钟

存放时间
放入密封容器中，在16~18℃的环境中可保存1个月

工具
立式搅拌机
细网筛
擀面杖

食材
面粉 500克
榛子油 60毫升
盐 2克
鲜酵母 15克
水 250毫升
糖粉 60克

巧克力涂层
杏仁碎 300克
可可含量64%的黑巧克力 750克

第一天

将面粉过筛到立式搅拌机的搅拌碗中，装上揉面勾，倒入榛子油和盐。将鲜酵母用少量水弄碎，直到完全溶化，然后和剩余的水一起倒入面粉中，揉成光滑的面团。用保鲜膜裹好，放入冰箱冷藏12小时或过夜。

第二天

在二三个烤盘中铺上烘焙纸。将面团擀成不超过5毫米厚的面皮，切成长22厘米、宽1厘米的细长条。将细长条面皮放入烤盘中，之间留出距离以便发酵。在温暖的地方发酵，比如在凉烤箱中放入一碗热水（烤箱内理想温度为25℃），发酵约20分钟。如果用烤箱发酵面团的话，先拿出装有细长条面皮的烤盘，然后将烤箱预热至160℃。用网筛将糖粉筛撒在细长条面皮上，烘烤约15分钟，或直到变成金黄色。取出后在冷却架上放凉。将烤箱温度调低至150℃。在烤盘中撒上杏仁碎，烘烤15分钟，留意不要烤焦。取出后倒入盘中放凉待用。将黑巧克力碎调温（做法详见第26~31页）。将饼干棒浸入调温巧克力中，裹涂至总长的四分之三处。撒上杏仁碎，在烘焙纸或硅胶烤垫上静置定形即可。

名厨笔记 CHEFS' NOTES

- 巧克力饼干细棒也可以用牛奶巧克力或白巧克力制作。

巧克力奶油碗
PETITS POTS DE CRÈME AU CHOCOLAT

制作6人份

制作时间
30分钟

烘烤时间
40分钟

冷藏时间
2小时

存放时间
放入冰箱可保存3天

工具
即时读数温度计
防热玻璃碗或小罐 6个

食材
全脂牛奶 500毫升
可可含量70%的黑巧克力碎 160克
蛋黄 120克
细砂糖 100克

将烤箱预热至150℃。

将全脂牛奶在深底锅中加热至50℃。

将黑巧克力碎倒入搅拌碗中，浇上热牛奶，充分搅拌至巧克力化开，与牛奶完全混合。

将蛋黄和细砂糖搅打至发白浓稠。倒入巧克力和牛奶的混合物中，搅拌至完全混合。

将混合物分装在玻璃碗或小罐中，放在耐热盘里。在盘中倒入充足的水，没过小碗或小罐外壁的一半，烘烤约40分钟，或烤至刚刚定形。

放凉，在冰箱中冷藏约2小时，之后即可享用。

巧克力闪电泡芙

ÉCLAIRS AU CHOCOLAT

制作15个

制作时间

1小时30分钟

烘烤时间

30~40分钟

存放时间

放入密封容器中，在冰箱中冷藏可保存2天

工具

装有直径18毫米齿形裱花嘴或直径15毫米圆形裱花嘴的裱花袋 2只
即时读数温度计
耐热硬胶刮勺

食材

泡芙面糊
水 125毫升
全脂牛奶 125毫升
盐 3克
细砂糖 10克
黄油 100克+少量刷泡芙用
面粉 150克
全蛋液 250克
澄清黄油 50克

巧克力糕点酱
全脂牛奶 500毫升
重质掼奶油 500毫升
蛋黄 80克
全蛋液 100克
细砂糖 180克
面粉 50克
卡仕达粉 50克
可可含量100%的纯可可酱 70克
黄油 50克

巧克力翻糖糖浆
水 70毫升
细砂糖 100克
葡萄糖浆 20克
白色翻糖糖衣 500克
可可含量100%的纯可可酱 150克

制作泡芙面糊

在深底锅中，将水、全脂牛奶、盐、细砂糖和切成小块的黄油（100克）烧开。当黄油彻底化开后，离火。倒入全部面粉，使劲用刮勺搅拌至顺滑。将深底锅放回火上，小火加热，搅拌至混合物变干，直到不粘锅壁。将混合物倒入搅拌碗中，用刮勺一点点拌入全蛋液。不停地搅拌直到混合物变得非常细腻顺滑。要查看浓稠度，可以在刮勺的勺背划一道，缓慢合拢即为合适。如有必要，可以再加一点鸡蛋。将烤箱预热至180℃，在烤盘中薄薄地涂上黄油。将面糊倒入装有所选裱花嘴的裱花袋中，挤出长14厘米的闪电泡芙。为闪电泡芙刷上融化的澄清黄油，然后烘烤30~45分钟，至膨胀且呈金棕色。在冷却架上放凉。

制作巧克力糕点酱

将全脂牛奶和重质掼奶油倒入深底锅中烧开。在搅拌碗中，加入蛋黄、全蛋液和细砂糖，搅打至发白浓稠。将面粉和卡仕达粉一同过筛到搅拌碗中。当牛奶和奶油的混合物烧开后，倒入三分之一在鸡蛋的混合物中，使其稀释并升温。将鸡蛋牛奶的混合物倒回深底锅，烧开，快速不停地搅拌，沸煮1分钟。离火，倒入可可酱和切成小块的黄油，用刮勺混合均匀。在烤盘上覆上保鲜膜，将糕点酱涂在上面，再盖上更多保鲜膜，向下均匀地挤压糕点酱。放凉后，在冰箱冷藏待用。

制作巧克力翻糖糖浆

在深底锅中，将水、细砂糖和葡萄糖浆烧开，制成糖浆，放凉。另取一口深底锅，加热翻糖糖衣至35℃。倒入可可酱并拌入糖浆。糖衣始终保持35℃以便浸蘸。

组装闪电泡芙

用细尖裱花嘴的尖端，在每个放凉的闪电泡芙底部，以相同间隔戳3个洞。快速搅拌糕点酱，使其变得松软，然后倒入裱花袋中。在每个洞里挤上糕点酱，填充泡芙。填充过程中，会感受到泡芙不断地变重。将每个闪电泡芙的顶部浸入巧克力翻糖糖浆中（35℃），用手指抹过边缘整理干净。

小泡芙球
PROFITEROLES

制作约8个

制作时间
2小时

烘烤时间
30~40分钟

冷藏时间
3小时20分钟

熟化时间
至少3小时

存放时间
立即享用。或放入密封容器中，在冰箱冷冻可保存1周

工具
一次性裱花袋
耐热硬胶刮勺
立式搅拌机
即时读数温度计
食物料理棒
冰淇淋机
细网筛
擀面杖
直径三四厘米的圆形饼干模

食材

巧克力小泡芙球
全脂牛奶 70毫升
水 60毫升
盐 1克
黄油 50克+少量涂抹烤盘用
面粉 60克
无糖可可粉 15克
全蛋液 150克

可可酥皮盖
黄油 50克
黄糖 50克
无糖可可粉 15克
面粉 35克

白巧克力冰淇淋
水 540毫升
脱脂奶粉 70克
转化糖 80克
细砂糖 20克
稳定剂 5克
白巧克力碎 280克

巧克力酱汁
重质掼奶油 125毫升
水 75毫升
细砂糖 95克
无糖可可粉 40克
葡萄糖浆 12克
可可含量70%的黑巧克力碎 95克

制作巧克力小泡芙球

用黄油涂抹烤盘。在深底锅中，将全脂牛奶、水、盐和切成小块的黄油烧开。将面粉和无糖可可粉一同过筛。将深底锅离火。一次性倒入过筛后的材料，用刮勺使劲搅拌至混合物变得黏稠。倒回深底锅中，小火加热，搅拌至面糊变干并且可以脱离锅壁。再次将深底锅离火，一点点倒入全蛋液，搅拌至面糊顺滑，用刮勺划开后缓慢合拢。将面糊倒入裱花袋中，剪掉尖端，在烤盘上挤成三四厘米的小泡芙。

制作可可酥皮盖

将立式搅拌机装上平搅器，将所有食材一同搅拌成糊状。将面糊倒在两张烘焙纸之间，用擀面杖擀开，越薄越好。将薄片平整地放入冰箱冷藏约20分钟，然后用饼干模切成和泡芙同样大小的圆片。每个泡芙上放一个小圆片。将烤箱预热至170℃，烘烤30~40分钟，直到完全膨起且成为漂亮的棕色。

制作白巧克力冰淇淋

在深底锅中，将水加热至50℃。拌入脱脂奶粉和转化糖至溶解。倒入细砂糖和稳定剂，加热至85℃，继续熬煮2分钟。将加热后的混合物倒在白巧克力碎上。在巧克力化开的过程中，不停地搅拌，直到完全融合，然后用细网筛过滤。冷藏至少3小时，使味道充分发展熟化。用食物料理棒搅拌后，根据说明书用冰淇淋机制作。做好后，放入冰箱冷冻待用。

制作巧克力酱汁

在深底锅中，将重质掼奶油、水、细砂糖、无糖可可粉和葡萄糖浆烧开。将液体倒在黑巧克力碎上，搅拌至细腻顺滑。

组装小泡芙

小泡芙放凉后，将每个顶部切掉三分之一，做成盖子。在每个泡芙底部上放一个白巧克力冰淇淋球，盖上盖子。放入单层烤盘中冷冻。上桌前，在泡芙表面淋上巧克力酱汁（每个约40克），即可享用。

名厨笔记 CHEFS’ NOTES

· 最好提前填充泡芙，以免享用时冰淇淋融化过快。

巧克力蛋白酥

MERINGUES AU CHOCOLAT

制作6~8个

制作时间

30分钟

烘烤时间

2~3小时

存放时间

放入密封容器中，在16~18℃的环境中可保存2周

工具

硅胶烤垫
立式搅拌机
硅胶刮刀

食材

蛋清 200克
细砂糖 200克
糖粉 170克
无糖可可粉 40克

装饰

糖粉 20克
无糖可可粉 10克

制作蛋白霜和烘烤蛋白酥

将烤箱预热至90℃，在烤盘中铺上硅胶烤垫。给立式搅拌机装上打蛋笼，在搅拌碗中倒入蛋清，中速搅打至发泡膨松。少量多次加入细砂糖，搅打至干性发泡且富有光泽。将糖粉和无糖可可粉一同过筛，小心地用刮刀翻拌。用刮刀舀起一小堆蛋白霜放在提前准备好的烤盘中。放入烤箱烘烤2~3小时，直到变干酥脆。

装饰蛋白酥

将糖粉和无糖可可粉一同过筛，享用前撒在蛋白酥上即可。

佛罗伦萨薄脆饼干
FLORENTINS

制作25块

制作时间
1小时

烘烤时间
20~30分钟

定形时间
至少1小时

存放时间
放入密封容器中，在16~18℃的环境中可保存1天

工具
圆孔直径为6厘米的硅胶饼干模
一次性裱花袋
食品玻璃纸

食材
黄油 200克
细砂糖 210克
百花蜂蜜 170克
重质掼奶油 120毫升
杏仁片 315克
可可碎粒 80克
糖渍柠檬皮丁 100克
可可含量58%的黑巧克力碎 200克

将烤箱预热至180℃。

将黄油、细砂糖、百花蜂蜜和重质掼奶油倒入深底锅，中火加热后烧开。继续熬煮，不时搅拌，直到混合物变得细腻浓稠。

拌入杏仁片（小心不要弄碎）、可可碎粒和糖渍柠檬皮丁。

在硅胶烤模的每个圆孔中薄薄地倒入一层混合物，烘烤至焦糖化（约10分钟）。在模具中放凉后脱模。

将黑巧克力碎调温（做法详见第26~31页）。放凉，放至浓稠（挤出后可以成形的程度）。将调温巧克力舀入裱花袋中，剪掉尖端。要使巧克力覆盖每块饼干的底部，可以在玻璃纸上以相同间隔挤出数个巧克力小丘。在每个小堆上放一片焦糖，光滑的一面朝下，下压使巧克力从周边挤出。

定形至少1小时，然后小心地揭掉玻璃纸即可。

名厨笔记 CHEFS' NOTES

- 可以用等量的牛奶巧克力或白巧克力替换黑巧克力。

牛奶巧克力马卡龙

MACARONS CHOCOLAT AU LAIT

制作12个

制作时间

1小时45分钟

冷藏时间

3小时

存放时间

放入冰箱冷藏，可保存4天

工具

食物料理机
糖果温度计
立式搅拌机
硅胶烤垫
装有直径10毫米圆形裱花嘴的裱花袋 2只
即时读数温度计
硅胶刮刀

食材

马卡龙外壳（24个）
杏仁粉 85克
无糖可可粉 15克
糖粉 100克
蛋清 40克
千层酥小薄片（或压碎的华夫饼）适量

意大利蛋白霜
细砂糖 100克
水 30毫升
蛋清 40克

牛奶巧克力甘纳许
重质掼奶油 90毫升
葡萄糖浆 15克
可可含量35%的考维曲牛奶巧克力碎 140克

制作马卡龙外壳

将烤箱预热至150℃。将杏仁粉、无糖可可粉和糖粉倒入碗中拌匀。将混合物倒入食物料理机的搅拌碗中。搅拌成类似面粉的质感，小心不要过度搅拌以防原料变热。

制作意大利蛋白霜：将细砂糖溶解在水中，然后烧开至116~121℃。当糖浆温度达到110℃时，开始用立式搅拌机高速搅打放至室温的蛋清。当糖浆达到所需的温度时，以细而稳的流速，将其倒入快要打好的蛋清中，这个过程中要不停地搅拌，注意不要将糖浆倒在打蛋笼上。2分钟后降至中速。搅拌至混合物完全冷却。

当蛋白霜放凉至大约50℃时，拌入杏仁粉、无糖可可粉和糖粉的混合物。倒入放至室温的蛋清。开始用刮刀翻拌混合。不停地翻拌，直到蛋白霜略微消泡，且混合物变得顺滑（从刮刀滴落时呈浓稠的缎带状）。在烤盘中（室温）铺上硅胶烤垫。将混合物舀入裱花袋中，在烤垫上挤出马卡龙外壳，直径大约为2.5厘米。小心地略微提起烤盘，松手让其落回工作台，使马卡龙的顶部变得平整。撒上千层酥小薄片。烘烤15分钟。

制作牛奶巧克力甘纳许

将重质掼奶油和葡萄糖浆倒入深底锅中，中火加热至35℃。与此同时，将牛奶巧克力碎放入大碗中，置于深底锅中刚刚开始冒细泡的热水上（水浴法），加热至35℃，使其化开。将热奶油倒在化开的巧克力上，用刮刀轻柔地搅拌，使其成为顺滑的甘纳许。在烤盘中铺上保鲜膜，将甘纳许涂抹开，表面再压上另一张保鲜膜。冷藏至少1小时。

组装马卡龙

将甘纳许舀入裱花袋中，挤在马卡龙外壳扁平的一侧，再将剩余的外壳轻轻压在上面，使得甘纳许夹心充溢边缘。享用前，至少需冷藏2小时。

黑巧克力马卡龙

MACARONS CHOCOLAT NOIR

制作12个

准备时间
2小时10分钟

定形时间
5分钟

冷藏时间
3小时

存放时间
冰箱冷藏可保存4天

工具
即时读数温度计
糖果温度计
模板垫（上面有直径为4厘米的圆，用于制作巧克力圆片）
硅胶烤垫 2个
硅胶刮刀
抹刀
装有直径10毫米圆形裱花嘴的裱花袋2个
立式搅拌机
食物料理机

食材

马卡龙外壳（24个）
杏仁粉 85克
无糖可可粉 15克
糖粉 100克
蛋清 40克

意大利蛋白霜
细砂糖 100克
水 30毫升
蛋清 40克

黑巧克力甘纳许
重质掼奶油 115毫升
蜂蜜 12克
可可含量65%的考维曲黑巧克力碎 115克

巧克力圆片
可可含量65%的考维曲黑巧克力碎 250克

制作马卡龙外壳

将烤箱预热至150℃。将杏仁粉、无糖可可粉和糖粉倒入碗中拌匀。将混合物倒入食物料理机的搅拌碗中。搅拌成类似面粉的质感，小心不要过度搅拌以防原料变热。

制作意大利蛋白霜：将细砂糖溶解在水中，然后烧开至116~121℃。当糖浆温度达到110℃时，开始用立式搅拌机高速搅打放至室温的蛋清。当糖浆达到所需的温度时，以细而稳的流速，将其倒入快要打好的蛋清中，这个过程中要不停地搅拌，注意不要将糖浆倒在打蛋笼上。2分钟后降至中速。搅拌至混合物完全冷却。

当蛋白霜放凉至大约50℃时，用刮刀拌入杏仁粉、无糖可可粉和糖粉的混合物。倒入放至室温的蛋清。开始用刮刀翻拌混合。不停地翻拌，直到蛋白霜略微消泡，且混合物变得顺滑（从刮刀滴落时呈浓稠的缎带状）。在烤盘中（室温）铺上硅胶烤垫。将混合物舀入裱花袋中，在烤垫上挤出马卡龙外壳，直径大约为2.5厘米。小心地略微提起烤盘，松手让其落回工作台，使马卡龙的顶部变得平整。烘烤15分钟。

制作黑巧克力甘纳许

将重质掼奶油和蜂蜜在平底锅中加热至35℃。同时，将黑巧克力碎放入大碗中，置于深底锅中刚刚开始冒细泡的热水上（水浴法），加热至35℃，使其化开。将奶油倒在化开的巧克力上，用刮刀轻柔地搅拌，使其成为顺滑的甘纳许。在烤盘中铺上保鲜膜，将甘纳许涂抹开，表面再压上另一张保鲜膜。冷藏30~40分钟。

制作巧克力圆片

将考维曲黑巧克力调温（做法详见第26~31页）。将模板垫铺在烤垫上。当调温巧克力温度降至30℃时，将其倒在模板垫上，填满上面的圆圈。用抹刀移除多余的巧克力，静置5分钟定形。

组装马卡龙

将甘纳许舀到裱花袋中，挤在马卡龙外壳平坦的那一面上，轻轻地将另一片外壳压在上面，将填馅挤压至边缘。在每个马卡龙顶部用巧克力圆片装饰，可以使用一点化开的巧克力将圆片固定。享用前，至少冷藏2小时。

巧克力卡仕达挞

FLAN AU CHOCOLAT

制作8块

制作时间

45分钟

冷藏时间

1小时

冷冻时间

30分钟

烘烤时间

45分钟

存放时间

放入冰箱冷藏，
可保存24小时

工具

立式搅拌机
直径20厘米、深4.5厘米的挞模
硅胶烤垫
擀面杖
抹刀

食材

可可甜酥挞壳

蛋黄 20克
全脂牛奶 35毫升
面粉 135克
黄油 110克+少量涂抹模具用
细砂糖 20克
盐 1小撮
无糖可可粉 15克

巧克力卡仕达馅料

低脂牛奶 500毫升
重质掼奶油 150毫升
蛋黄 120克
细砂糖 130克
面粉 20克
玉米淀粉 25克
可可含量70%的黑巧克力碎 150克

制作可可甜酥挞壳

在碗中，将蛋黄和全脂牛奶混合在一起。在立式搅拌机的搅拌碗中，倒入面粉、切成小块的室温黄油（110克）、细砂糖、盐和无糖可可粉，给立式搅拌机装上平搅器，中速搅拌，使混合物成为粗糙的团块。倒入全脂牛奶和蛋黄的混合物，继续搅拌，直到成为光滑的面团。将面团揉成球形，盖上保鲜膜，用手掌将面团压扁成厚圆片，这样冷却速度会比球形面团快。放入冰箱冷藏至少1小时。在挞模中薄薄地抹上黄油，在工作台上和面团上撒薄面。将挞模放在硅胶烤垫上（或者铺有烘焙纸的烤盘中）。将面团擀成二三毫米厚的薄圆片，提起后放在挞模上，平整地铺好。将放有面皮的挞模放入冰箱冷冻30分钟，其间可以制作卡仕达馅料。

制作巧克力卡仕达馅料

将烤箱预热至170℃。将低脂牛奶和重质掼奶油倒入深底锅中，中火加热并烧开。同时，在搅拌碗中，将蛋黄和细砂糖搅打至发白浓稠。将面粉和玉米淀粉过筛至蛋黄和细砂糖的混合物中。当牛奶和奶油烧开后，小心地倒一点在搅拌碗中，不停地搅拌，使混合物稀释并升温。将混合物倒回深底锅中，中火加热并持续熬煮，不停地搅拌，直到卡仕达馅料开始变得浓稠冒泡。立即离火，倒入黑巧克力碎，搅拌至融化顺滑，然后倒入挞壳中。将表面用抹刀整平。烘烤45分钟，至外皮呈棕色且馅料刚刚凝固即可。馅料受热会膨胀，放凉后会慢慢恢复。将挞饼放凉，然后脱模冷藏。室温下享用风味更佳。

巧克力修女泡芙

RELIGIEUSE AU CHOCOLAT

制作16个

准备时间
1小时

制作时间
30~45分钟

定形时间
20分钟

存放时间
冰箱冷藏可保存2天

工具
细网筛
硅胶刮刀
糕点刷
直径15厘米和10毫米的圆形裱花嘴
裱花袋 2个
即时读数温度计
搅拌器
大理石板

食材

泡芙面糊
水 250克
盐 3克
细砂糖 5克
黄油 100克
面粉 150克
鸡蛋 250克
澄清黄油 适量

巧克力糕点奶油酱
全脂牛奶 1升
细砂糖 200克
香草荚 1根
蛋黄 160克
玉米淀粉 45克
面粉 45克
黄油 100克
可可含量50%的巧克力碎 90克

巧克力方片
可可含量50%的巧克力 50克

装饰
巧克力镜面翻糖 300克

制作泡芙面糊

将水、盐、细砂糖和切成小块的黄油（100克）在锅中加热，当黄油化开时，迅速烧开。离火，倒入所有过筛后的面粉，用刮刀使劲搅拌至顺滑。再次将锅放到火上，小火加热，不停地搅拌，使混合物变干。搅拌10秒钟或直到混合物不粘锅。将混合物倒入搅拌碗中，以免烹煮过度。用刮刀将鸡蛋逐个拌入，待一个完全混合后再放入下一个。搅打至面糊顺滑且富有光泽。查看稀稠度是否合适，可用刮刀划开面糊，若面糊慢慢合拢即为合适。如果需要，可以再放点鸡蛋。

塑形及烘焙修女泡芙

将烤箱预热至180℃。将2个烤盘刷上澄清黄油。用装有直径15毫米圆形裱花嘴的裱花袋，挤出16个直径5厘米的泡芙作为修女泡芙的"身体"，16个直径2.5厘米的泡芙作为"头"。上面刷一些澄清黄油，烘烤35~40分钟（烘烤15~20分钟后，将烤箱门开一道缝）。当泡芙膨胀、变得金黄、摸着干爽时，取出放在冷却架上晾凉。

制作巧克力糕点奶油酱

使用列出的食材，制作巧克力糕点奶油酱（做法详见第50页）。

制作巧克力方片

将巧克力调温（做法详见第26~31页），把它薄薄地涂抹在大理石板上，静置至稍稍定形。将巧克力切成16个边长为3厘米的方片，放置变硬（约20分钟），再小心地从大理石板上取下。

组装

用装有直径10毫米裱花嘴的裱花袋为泡芙填上巧克力糕点奶油酱。裹翻糖前将泡芙放在冰箱中冷藏。将巧克力镜面翻糖在平底锅中小火加热至37℃。离火，将每个泡芙顶部挂上巧克力镜面翻糖，用手指将边缘清理干净。在每个大泡芙上放一块巧克力方片，再用一点巧克力糕点奶油酱将小泡芙固定在上面。

名厨笔记 CHEFS' NOTES

- 当闪电泡芙烤至半熟时，将烤箱门打开一道缝，让里面的蒸汽散出。

巧克力卡纳蕾
CANELÉS AU CHOCOLAT

制作12个

制作时间
15分钟

冷藏时间
12小时或过夜

烘烤时间
1小时

存放时间
放入密封容器中，在16~18℃的环境中可保存1天

工具
即时读数温度计
直径5.5厘米的黄铜卡纳蕾模具

食材
全脂牛奶 400毫升
香草荚 1根
可可含量70%或80%的黑巧克力碎 125克
细砂糖 150克
蜂蜜 50克
全蛋液 110克
蛋黄 40克
蛋糕粉 20克
玉米淀粉 20克
朗姆酒 60毫升
食品级蜂蜡或植物蜡 适量

将香草荚纵向剖开，刮出香草籽。将全脂牛奶、香草荚和香草籽在深底锅中加热至50℃。

将黑巧克力碎倒入牛奶中使其化开，搅拌至顺滑。放凉待用。

在搅拌碗中，细砂将糖、蜂蜜、全蛋液和蛋黄搅打至发白浓稠。

将蛋糕粉和玉米淀粉一同过筛至鸡蛋糊中，翻拌至细腻光滑。

将巧克力牛奶倒入面糊中，搅拌均匀。最后，加入朗姆酒。放入冰箱冷藏12小时或过夜。

第二天，融化蜂蜡，薄薄地刷在模具内壁，静置。将烤箱预热至230℃。充分搅拌面糊，然后倒入模具中，填至距离模具上缘5毫米处。

烘烤20分钟，然后将烤箱温度调低至190℃，再烘烤40分钟，直到完全膨发且顶部呈深棕色。

立即脱模，在冷却架上放凉。

巧克力蛋白霜与慕斯蛋糕

MERVEILLEUX

制作12个

制作时间

1小时

烘烤时间

2~3小时

存放时间

放入密封容器中，在冰箱冷藏可保存2天

工具

硅胶烤垫
立式搅拌机
细网筛
硅胶刮刀
装有直径10毫米圆形裱花嘴的裱花袋
即时读数温度计

食材

巧克力蛋白霜
蛋清 100克
细砂糖 100克
糖粉 85克
无糖可可粉 25克

巧克力慕斯
可可含量70%的黑巧克力碎 300克
黄油 110克
蛋黄 135克
蛋清 240克
细砂糖 30克

装饰
可可含量58%的黑巧克力 200克
无糖可可粉 适量

制作巧克力蛋白霜

将烤箱预热至90℃，在烤盘中铺上硅胶烤垫。给立式搅拌机装上打蛋笼，开始打发蛋清。倒入细砂糖，打发至干性发泡、细腻光滑。将糖粉和无糖可可粉一同过筛，小心地用刮刀拌入蛋白霜中。将蛋白霜混合物舀入裱花袋中，挤出24个直径为6厘米的圆片。烘烤2小时或直到变干酥脆。

制作巧克力慕斯

将黑巧克力碎和切成小块的黄油倒入碗中，置于深底锅中刚刚开始冒细泡的热水上（水浴法），加热至40℃，使其化开。在搅拌碗中，将蛋黄搅打至呈现丝滑的状态。给立式搅拌机装上打蛋笼，将蛋清搅打至湿性发泡，然后倒入细砂糖，接着搅打至干性发泡。用刮刀小心地将打发的蛋白拌入蛋黄中。舀出三分之一的鸡蛋混合物，拌入化开的巧克力和黄油中。待其变得细腻顺滑后，小心地混入剩余的鸡蛋混合物，翻拌成慕斯。将慕斯舀入裱花袋中。

组装

在12个蛋白霜圆饼上挤出巧克力慕斯小丘，形成玫瑰图案。小心地在上面放另一块蛋白霜圆饼。用剩余的巧克力慕斯封住蛋糕的边缘和顶部。放入冰箱冷藏待用，其间制作巧克力卷（做法详见第112页），将它们摆放在每块蛋糕周边。最后筛撒无糖可可粉作为装饰。

巧克力棉花糖

GUIMAUVE AU CHOCOLAT

制作6块

制作时间
30分钟

定形时间
12小时或过夜

存放时间
放入密封容器中，
可保存2周

工具
边长16厘米、深3厘米的巧克力方模
即时读数温度计
立式搅拌机
巧克力浸叉

食材

棉花糖
澄清黄油 适量
可可含量70%的黑巧克力碎 130克
吉利丁粉 16克
用于吉利丁粉的冷水 70毫升
用于糖浆的冷水 35毫升
用于吉利丁粉的蜂蜜 90克
用于糖浆的蜂蜜 70克
细砂糖 200克

巧克力涂层
可可含量70%的黑巧克力碎 100克
无糖可可粉 20克

制作棉花糖

在烤盘中铺上烘焙纸，放上巧克力方模。在模具内壁薄薄地涂抹一层澄清黄油。将装有黑巧克力碎的碗置于深底锅中刚刚开始冒细泡的热水上（水浴法），加热至45℃，使其化开。与其他材料混合前必须放凉至温度介于35~40℃。在立式搅拌机的搅拌碗中，将吉利丁粉溶解于70毫升冷水中，再倒入90克蜂蜜。在深底锅中，将35毫升水、200克细砂糖和70克蜂蜜烧开，制成糖浆。开始搅打蜂蜜吉利丁溶液，并小心地淋入温热的糖浆。继续中高速搅打，直到混合物滴落时呈缎带状。倒入化开且略微变凉的巧克力。当混合物搅拌至细腻顺滑后，倒入方模中，均匀地铺开，使厚度为2厘米。静置定形12小时或过夜，然后切成边长3厘米的小方块。

浸裹棉花糖小方

将黑巧克力碎调温（做法详见第26~31页）。用巧克力浸叉将每块棉花糖的一半浸入调温巧克力中，浸裹一半即可。将棉花糖小方在可可粉中滚一滚。在烘焙纸上静置定形。

巧克力可丽饼
CRÊPES AU CHOCOLAT

制作30张

制作时间
15分钟

冷藏时间
12小时或过夜

烙饼时间
每张约3分钟

存放时间
立即享用

工具
细网筛
可丽饼专用锅

食材
面粉 240克
无糖可可粉 40克
鸡蛋 200克
细砂糖 100克
盐 4克
重质掼奶油 200毫升
香草荚 2根
低脂牛奶 1300毫升
澄清黄油 适量
糖粉 适量

将面粉和无糖可可粉一同过筛到搅拌碗中。

一点点拌入鸡蛋。

加入细砂糖、盐、重质掼奶油和香草籽（将香草荚纵向剖开，刮出香草籽），搅拌至完全混合。

拌入低脂牛奶，确保没有团块存留。

放入冰箱冷藏，最好放置12小时或过夜。

在可丽饼专用锅中薄薄地抹一层澄清黄油，大火加热。搅拌可丽饼面糊，使其变得顺滑，避免沉淀。

舀起足量的面糊，薄薄地完全覆盖住锅底。一面成为漂亮的金黄色后，翻面，烙另外一面。烙好后，将可丽饼滑入盘中。

用剩下的面糊继续制作，如有需要，锅中可再刷一层油，将烙好的可丽饼摞在盘中。

筛撒上糖粉后即可享用。

糖果巧克力焦糖
CARAMELS AU CHOCOLAT

制作80块（每块15克）

制作时间
20分钟

烘烤时间
10分钟

冷却和定形时间
2小时

存放时间
放入密封容器中，可保存2周

工具
即时读数温度计
边长20厘米、深1.5厘米的巧克力方模
硅胶烤垫
糖果包装纸

食材
重质掼奶油 275毫升
葡萄糖浆 110克
盐之花 6克
细砂糖 510克
黄油 275克
可可含量66%的黑巧克力碎 60克

在深底锅中，将重质掼奶油、葡萄糖浆和盐之花一起烧开。

另取一口深底锅，用细砂糖制成干焦糖，颜色要非常深。

将热奶油慢慢地倒在焦糖上，避免焦糖进一步加热。

将混合物加热至135℃，不停地搅拌。

离火，将切成小块的室温黄油一点点拌入。当混合物变得顺滑后，倒入黑巧克力碎，混合均匀。

将巧克力方模放在硅胶烤垫上，倒入依然滚烫的巧克力焦糖混合物。室温下静置定形2小时。

切成喜欢的形状，包上糖纸即可。

名厨笔记 CHEFS' NOTES

- 糖果混合物加热至135℃时，一定要不停地搅拌，避免焦煳。

巧克力牛轧糖
NOUGAT AU CHOCOLAT

制作12块

制作时间
1小时

静置时间
12~24小时

存放时间
用保鲜膜或糖纸裹好，放入密封容器中，可保存2个月

工具
立式搅拌机
即时读数温度计
硅胶烤垫
长18厘米、宽12厘米、深4厘米的巧克力模
锯齿长刀
擀面杖

食材
蛋清 75克
水 190毫升
细砂糖 525克
葡萄糖浆 135克
蜂蜜 375克
杏仁 60克
榛子仁 60克
开心果仁 60克
糖渍橙皮丁 60克
可可含量70%的黑巧克力碎 375克
与巧克力方模等大的大米纸 2张

给立式搅拌机装上打蛋笼，将蛋清倒入立式搅拌机的搅拌碗中，搅打至浓稠。

在深底锅中，将水、细砂糖和葡萄糖浆一起加热，仔细监测，温度必须达到145℃。

同时，另取一口深底锅（确保锅要足够大，因为蜂蜜煮沸后会膨胀），将蜂蜜加热至120℃。慢慢地淋入打好的蛋白中，不停地搅拌。

当糖和葡萄糖浆的混合物达到合适的温度时，小心地淋入蛋白和蜂蜜的混合物中，不停地搅拌，确保糖浆不要淋到内壁或打蛋笼上。中速搅拌约15分钟，直到混合物变得非常浓稠。

将烤箱预热至50℃。在烤盘中铺上烘焙纸，撒上坚果和糖渍橙皮丁。关掉烤箱，放入烤盘。使混合物略微温热，使其温度达到35℃，以便进行下一步，确保巧克力可以正常定形。

将装有黑巧克力碎的碗置于深底锅中刚刚开始冒细泡的热水上（水浴法），使其化开。给立式搅拌机装上平搅器。当巧克力达到45℃时，将其倒入蛋白的混合物中，然后倒入温热的坚果和糖渍橙皮丁，快速混合在一起，注意不要弄碎。

在硅胶烤垫上铺一张大米纸，放上巧克力方模。立即填入牛轧糖混合物。在上面覆盖另一张大米纸，再盖上一张烘焙纸。用擀面杖擀平表面，用剪刀剪齐边缘。在干燥处放置24小时使其冷却。

用刀在模具内壁和牛轧糖之间划动，然后脱模。用锯齿长刀将牛轧糖切成长12厘米、宽1.5厘米的块，两面都有大米纸。立刻裹上糖纸或保鲜膜。

小蛋糕和甜点

巧克力焦糖夹心球
SPHÈRES

制作10个

制作时间

1小时30分钟

冷藏时间

3小时

烘烤时间

10~15分钟

冷冻时间

大约2小时

定形时间

30~45分钟

存放时间

放入密封容器中，在冰箱冷藏可保存2天

工具

长40厘 米、 宽30厘米的烤盘
电动打蛋器
直径4厘米的饼干模
即时读数温度计
裱花袋
直径6厘米的半球模20个
木扦
硅胶刮刀
细网筛

食材

海绵蛋糕夹层
蛋黄 90克
细砂糖 145克
蛋清 125克
无糖可可粉 35克

咸黄油焦糖
细砂糖 120克
重质掼奶油 120毫升
黄油 90克
盐之花 1克

空气甘纳许
重质掼奶油 700毫升
葡萄糖浆 30克
转化糖 20克
可可含量66%的黑巧克力碎 190克

巧克力涂层
可可脂 300克
可可含量66%的黑巧克力 300克

镜面
吉利丁片 16克
细砂糖 400克
水 150毫升
无糖可可粉 150克
重质掼奶油 280毫升

装饰
爆米花 100克
可食用金粉 10克

制作海绵蛋糕夹层

将烤箱预热至210℃。在烤盘中铺上烘焙纸。将蛋黄和一半的细砂糖搅打至发白浓稠。用电动打蛋器将蛋清搅打至干性发泡，然后倒入剩余的糖，搅打至富有光泽。将过筛的无糖可可粉拌入蛋黄和糖的混合物中，然后小心地拌入打发的蛋白。将面糊均匀地涂抹在烤盘中，烘烤11分钟，烤好的蛋糕应该摸上去仍有弹性。放凉，切成20个直径4厘米的圆片。

制作咸黄油焦糖

在深底锅中，制作干焦糖：温度控制在175~180℃。细砂糖在加热的同时，将重质掼奶油烧开。用刮刀将热奶油慢慢地拌入焦糖中，注意倒的时候不要过快，不要发出“噼啪”的声音，防止焦糖进一步遇热变黑。离火，一点点拌入切成小块的室温黄油，然后加入盐之花。将锅放回火上，加热至109℃。放凉，然后轻轻地搅拌，以便能用裱花袋轻松地挤出。

制作空气甘纳许

在深底锅中，将250毫升重质掼奶油、葡萄糖浆和转化糖一同加热。将加热好的液体倒在巧克力上。充分搅打，直到甘纳许的中心形成“核”。继续搅拌，直到彻底混合。倒入剩余的450毫升重质掼奶油，搅拌均匀，冷藏至少3小时。

制作巧克力涂层和镜面，组装巧克力球

将甘纳许用搅拌器略微搅打后放入裱花袋，挤入每个模具中，填至一半处，然后在甘纳许上挤一些咸黄油焦糖。在上面放一片海绵蛋糕，轻轻下压。再加一层甘纳许，填满模具，上面放第二片海绵蛋糕。放入冰箱冷冻，直到变硬（约2小时）。

制作巧克力涂层：将巧克力和可可脂一同加热至35℃，使其化开，注意要始终保持温度不变。

制作镜面：将吉利丁片浸入装有冷水的碗中软化。在深底锅中，将细砂糖和水加热至106℃，熬成糖浆，然后拌入过筛的无糖可可粉。将重质掼奶油烧开，小心地拌入可可糖浆中。当混合物放至60℃时，挤掉吉利丁上片多余的水分，拌入至彻底溶解。用细网筛过滤，使镜面光滑细腻。

组装：将模具从冰箱中取出，为巧克力半球脱模，在其中10个上面涂一点甘纳许。将半球组装在一起成为10个完整的球。在每个球中小心地插一根木扦，浸入巧克力涂层中。静置凝固约5分钟，再浸裹镜面。将爆米花裹上可食用金粉，撒在巧克力球表面即可。

巧克力覆盆子指形蛋糕

FINGER CHOCOBOISE

制作10块

制作时间

1小时30分钟

烘烤时间

20分钟

冷藏时间

3小时30分钟

冷冻时间

1小时

存放时间

放入密封容器中，在冰箱冷藏可保存2天

工具

即时读数温度计
立式搅拌机
细网筛
边长16厘米、深4.5厘米的方形蛋糕模
食物料理棒
装有圣奥诺雷裱花嘴的裱花袋
牙签

食材

可可海绵蛋糕坯
杏仁含量50%的杏仁膏 100克
蛋黄 50克
全蛋液 35克
细砂糖 45克
百花蜂蜜 10克
蛋清 60克
可可含量100%的纯可可酱 25克
黄油 25克
面粉 25克
无糖可可粉 15克

覆盆子酱
吉利丁片 3克
覆盆子果泥 150克
细砂糖 40克
玉米淀粉 6克

巧克力慕斯
全脂牛奶 100毫升
吉利丁片 2.5克
牛奶巧克力碎 150克
重质掼奶油 160毫升

空气甘纳许
重质掼奶油 550毫升
葡萄糖浆 30克
转化糖 30克
覆盆子果泥 100克
可可含量40%的牛奶巧克力碎 350克

巧克力涂层
可可含量40%的考维曲牛奶巧克力 500克
牛奶巧克力镜面淋酱 200克
葡萄子油 50毫升
可可脂 100克

装饰
对半切开的新鲜覆盆子 100克
可可含量64%的黑巧克力 150克（制作成自己喜欢的装饰，做法详见第110~123页）
水芹 20克

制作可可海绵蛋糕坯

将烤箱预热至180℃。将装有杏仁膏的碗置于深底锅中刚刚开始冒细泡的热水上（水浴法），加热至50℃。给立式搅拌机装上平搅器，在立式搅拌机的搅拌碗中，将杏仁膏、蛋黄和全蛋液搅打至软化，将20克细砂糖和蜂蜜逐量加入。将平搅器换成打蛋笼，将混合物搅打至滴落时呈缎带状为止。将蛋清和剩余的糖搅打至干性发泡。将可可酱和黄油加热至45℃。将一半打发的蛋白拌入化开的可可酱和黄油的混合物中，然后拌入杏仁膏的混合物。掺入剩余的蛋白，将面粉和可可粉一起过筛，小心地搅拌混合。将蛋糕方模放在铺有烘焙纸的烤盘中，倒入面糊。烘烤15~20分钟。在模具中放凉待用。

制作覆盆子酱

将吉利丁片浸泡在冷水中，使其变软。在深底锅中，加热覆盆子果泥。拌入细砂糖和玉米淀粉后烧开。当混合物开始变黏稠，挤掉吉利丁片上多余的水分，拌入覆盆子混合物中，直到完全溶解。将混合物倒在放凉的可可海绵蛋糕上，放入冰箱冷藏大约30分钟，凝固定形。

制作巧克力慕斯

将吉利丁片浸泡在冷水中，使其变软。在深底锅中，加热牛奶。挤掉吉利丁片上多余的水分后放入热牛奶中，搅拌至吉利丁片完全溶解。将热牛奶倒在牛奶巧克力碎上，然后用食物料理棒搅打成顺滑的甘纳许。将重质掼奶油搅打至湿性发泡，当甘纳许放至大约18℃时，将二者混合在一起。将慕斯倒在覆盆子酱上，填至模具的边缘。放入冰箱冷冻1小时，直到完全凝固。

制作空气甘纳许

在深底锅中，将100毫升重质掼奶油、葡萄糖浆、转化糖和覆盆子果泥加热并烧开。将混合物倒在牛奶巧克力碎上。充分搅拌，直到甘纳许的中心形成“核”。继续搅拌直到完全融合。倒入剩余的450毫升重质掼奶油，充分搅拌至完全混合，放入冰箱冷藏至少3小时。

制作巧克力涂层

将巧克力和镜面淋酱一同隔水加热至35℃，然后拌入葡萄子油。用另一套隔水加热的工具，将可可脂加热至40℃，将其倒入巧克力的混合物中，搅拌均匀。在巧克力涂层冷却凝固前使用。

组装蛋糕

将海绵蛋糕坯切成长11厘米、宽1.5厘米的长方块。小心地在每块蛋糕中插入两根牙签，要插到冷冻慕斯层处。将蛋糕浸入巧克力涂层中，裹涂顶部。搅打覆盆子甘纳许，使其变得顺滑，将其舀入装有圣奥诺雷裱花嘴的裱花袋中，挤在每个长方块顶部。将对半切开的覆盆子漂亮地摆放在甘纳许上，上面用黑巧克力装饰，最后点缀上水芹的带叶幼枝。

咖啡柠檬牛奶巧克力蛋糕

CAFÉ CITRON CHOCOLAT AU LAIT

制作10块

制作时间
1小时30分钟

烘烤时间
1小时

冷藏时间
12小时或过夜

冷冻时间
1小时

存放时间
放入密封容器中，在冰箱冷藏可保存2天

工具
即时读数温度计
电动打蛋器
擀面杖
细网筛
硅胶刮刀
装有直径10毫米圆形裱花嘴的裱花袋 2个
长60厘米、宽40厘米的烤盘
硅胶烤垫
食物料理棒
直径为1厘米的圆形饼干模
食品玻璃纸
直径3厘米、深6厘米的蛋糕圈 10个

食材

咖啡慕斯
咖啡豆 200克
重质掼奶油 1.5升
可可含量40%的牛奶巧克力碎 400克
吉利丁粉 12克
冷水 72毫升

巧克力手指饼海绵蛋糕坯
可可含量40%的牛奶巧克力碎 250克
黄油 90克
蛋黄 200克
细砂糖 120克
蛋清 350克
面粉 60克
玉米淀粉 60克
热可可饮料粉 40克

柠檬风味奶油酱
吉利丁粉 5克
冷水 30毫升
鸡蛋 250克
细砂糖 225克
柠檬汁 150毫升
黄油 275克

巧克力镜面
细砂糖 150克
吉利丁粉 10克
冷水 125毫升
葡萄糖浆 150克
无糖炼乳 100毫升
可可含量40%的牛奶巧克力 150克

装饰
可可含量40%的牛奶巧克力 150克
咖啡豆 适量

制作咖啡慕斯（提前一天）

将烤箱预热至300℃，在烤盘中铺上烘焙纸。将咖啡豆撒在烤盘中，烘烤大约10分钟。当咖啡豆放凉后，用擀面杖擀成粗碎粒。将碎咖啡豆拌入1升的重质掼奶油中，冷藏12小时或过夜。第二天，用细网筛过滤奶油，使劲按压碎咖啡豆，尽可能获取浓郁的咖啡风味。称量奶油：需要总重为720克的奶油，如果不够，可以在里边添加一些剩余的重质掼奶油。将盛有牛奶巧克力碎的碗置于深底锅中刚刚开始冒细泡的热水上（水浴法），加热至40℃，使其化开。融化巧克力的同时，将400克咖啡味奶油加热至45℃，将吉利丁粉溶于冷水中，然后倒入咖啡奶油中。将加热好的咖啡奶油倒在化开的巧克力上，搅拌成顺滑的甘纳许。倒入剩余的咖啡奶油，将混合物的温度降至16~18℃。用电动打蛋器打发剩余的500毫升重质掼奶油，直到湿性发泡，然后小心地用刮刀拌入咖啡甘纳许中。放入裱花袋中，在冰箱冷藏待用。

制作巧克力手指饼海绵蛋糕坯

将烤箱预热至200℃。在烤盘中铺上硅胶烤垫。在深底锅中，将牛奶巧克力碎和黄油加热至40℃，使其化开。将蛋黄和80克细砂糖搅打至发白浓稠，倒入巧克力和黄油的混合物中。将蛋清和剩余的糖打发，制成绵密的蛋白霜。将面粉、玉米淀粉和热可可饮料粉一同过筛。用刮刀轻柔地将蛋黄和巧克力的混合物拌入蛋白霜中，每次拌一点，和过筛的干料交替进行。将面糊涂抹在烤盘中，厚度1厘米，烘烤8~10分钟，直到略微上色，摸上去富有弹性。从烤箱中取出烤盘，小心地将蛋糕坯移至冷却架上，放凉后冷藏约20分钟。

制作柠檬风味奶油酱

将吉利丁粉溶于冷水中。将鸡蛋和细砂糖搅打至发白浓稠，然后倒入柠檬汁搅拌均匀。将混合物倒入深底锅中，用打蛋器不停地搅拌，烧开。离火，拌入切成小块的黄油，然后倒入吉利丁粉溶液，搅拌至完全混合。用食物料理棒搅打至浓稠细腻。将奶油酱舀入裱花袋中，放入冰箱冷藏待用。

制作巧克力镜面

将细砂糖倒入深底锅中，中大火加热，制作干焦糖。将吉利丁粉溶于60毫升水中。另取一口深底锅，将剩余的水和葡萄糖浆烧开，小心地倒在焦糖上，防止进一步加热。称量混合物，使总重达到265克，若不够可加水。在搅拌碗中，将无糖炼乳和吉利丁粉溶液混合。将焦糖和葡萄糖的混合物倒入搅拌碗中，与无糖炼乳拌匀。将牛奶巧克力隔水加热至35℃，然后倒入焦糖炼乳的混合物中，用食物料理棒搅拌均匀。组装蛋糕时，要确保温度为30℃。

制作装饰

制作自己喜欢的巧克力装饰（做法详见第110~123页）。

组装蛋糕

将手指饼海绵蛋糕坯切成10根长10厘米、宽3厘米的长条和10个直径1厘米的圆片。在每个蛋糕圈内侧围一圈食品玻璃纸。贴着每个蛋糕圈内壁放一根长条海绵蛋糕坯，并在每个蛋糕圈的底部放一块圆形海绵蛋糕坯。挤入柠檬风味奶油酱，填至海绵蛋糕坯的高度，然后挤入咖啡慕斯，填至接近蛋糕圈的上缘。抹平。放入冰箱冷冻1小时。完全冻实后，在每块蛋糕顶部倒上一点巧克力镜面，等待片刻至略微凝固，然后再小心地脱去蛋糕圈和玻璃纸。在每块蛋糕的顶部挤一球柠檬味奶油酱。放上自己喜欢的巧克力装饰和几颗咖啡豆即可。

菠萝白巧克力甜点

PINEAPPLE AU CHOCOLAT BLANC

制作10块

制作时间
1小时30分钟

冷藏时间
1小时

冷冻时间
14小时

烘烤时间
10分钟

存放时间
放入密封容器中，在冰箱冷藏可保存2天

工具
硅胶烤垫
边长8厘米、深4.5厘米的蛋糕方模
直径3厘米的硅胶模10个
食物料理棒
装有圣奥诺雷裱花嘴的裱花袋
直径5厘米、深4.5厘米的蛋糕圈 10个
食品玻璃纸
直径4.5厘米的圆形饼干模
慕斯喷砂机
硅胶刮刀
曲柄抹刀
细网筛

食材

杏仁海绵蛋糕坯夹层
白巧克力 25克
杏仁粉 90克
糖粉 60克
玉米淀粉 5克
蛋清 130克
细砂糖 15克

菠萝果冻
吉利丁粉 4克
冷水 20毫升
菠萝泥 95克
柠檬泥 15克
细砂糖 12克
玉米淀粉 6克

巧克力慕斯
吉利丁粉 2.5克
冷水 15毫升
重质掼奶油 370毫升
香草荚 1根
白巧克力碎 120克

糖渍菠萝
菠萝 200克
柠檬 2个
黄糖 75克
八角 2颗
香草荚 1根
朗姆酒 40毫升

透明镜面
吉利丁粉 2克
冷水 30毫升
细砂糖 45克
葡萄糖浆 30克
柠檬皮细屑 1个量
香草荚 1根

绒面喷雾
白巧克力 150克
可可脂 150克

装饰
椰蓉 20克

制作杏仁海绵蛋糕坯夹层

将烤箱预热至200℃。在烤盘中铺上硅胶烤垫。将盛有白巧克力碎的碗置于深底锅中刚刚开始冒细泡的热水上（水浴法），加热至40℃，使其化开。将杏仁粉、糖粉、玉米淀粉和60克蛋清混合在一起。将剩余的70克蛋清和细砂糖一起搅打成密实的蛋白霜。小心地将蛋白霜拌入杏仁粉和蛋清的混合物中。在化开的白巧克力中拌入一点面糊，搅拌均匀，然后拌入剩余的面糊。将蛋糕方模放在烤盘中，倒入海绵蛋糕坯面糊，抹平。烘烤8~10分钟，直到蛋糕呈金黄色且摸上去富有弹性。取出后立即放在冷却架上，放入冰箱冷藏至少20分钟。

制作菠萝果冻

将吉利丁粉溶于冷水中。在深底锅中，将菠萝泥、柠檬泥、细砂糖和玉米淀粉一起烧开，不停地搅拌。拌入吉利丁粉溶液，直到完全混合。在每个硅胶圆模中都倒入一层混合物，约1厘米厚，放入冰箱冷藏30分钟。剩余的果冻放在一边，之后用来装饰甜点。

制作巧克力慕斯

将吉利丁粉溶于冷水中。将香草荚纵向剖开，刮出香草籽。在深底锅中，将120毫升重质掼奶油和香草籽一同烧开。将烧开的奶油倒在白巧克力碎上，搅拌成非常顺滑细腻的甘纳许。拌入吉利丁粉溶液。倒入剩余的250毫升重质掼奶油，搅打至湿性发泡。当甘纳许冷却至20℃时，用刮刀小心地拌入打发的重质掼奶油。冷藏待用。

制作糖渍菠萝

将菠萝切成1厘米见方的小丁。将柠檬皮擦成细屑，挤出果肉中的柠檬汁。将香草荚纵向剖开，刮出香草籽。在深底锅中，将黄糖制成干焦糖。当糖略微上色时，加入八角籽、香草籽和菠萝丁。中火熬煮，直到菠萝中的汁水完全蒸发。倒入朗姆酒，小心地点火燃烧，使酒精挥发。舀入每个硅胶圆模中，置于已经凝固的菠萝果冻上，约1厘米厚。放入冰箱冷冻，最好放置12小时。

组装甜点并制作透明镜面和绒面喷雾

将杏仁海绵蛋糕坯用饼干模切成10个圆片。将玻璃纸裁成合适的长条，围在每个蛋糕圈内侧。在每个蛋糕圈内侧涂抹约5毫米厚的白巧克力慕斯，在底部放上海绵蛋糕坯圆片。在海绵蛋糕坯上放置菠萝果冻和糖渍菠萝。表面覆上白巧克力慕斯，用曲柄抹刀整平。放入冰箱冷冻12小时。

在烤盘中铺上烘焙纸，将剩余的白巧克力慕斯放入装有圣奥诺雷裱花嘴的裱花袋中。在烤盘中挤出甜点顶部的装饰，放入冰箱冷冻2小时。

制作透明镜面：将吉利丁粉溶于18毫升的冷水中。在深底锅中，将细砂糖、葡萄糖浆和剩余的12毫升水一起熬成糖浆。将柠檬皮细屑擦入糖浆中，并倒入香草籽（将香草荚纵向剖开，刮出香草籽）。用食物料理棒搅拌均匀。拌入吉利丁粉溶液，完全混合后，放入冰箱冷藏1小时。

制作绒面喷雾：分别将白巧克力和可可脂隔水加热至35℃。将两种材料混合后搅拌均匀，加热至50℃。用细网筛过滤，倒入喷砂机中。将白巧克力和可可脂喷在挤好的顶部装饰上，营造出绒面效果。

将蛋糕从冰箱取出，小心地脱去蛋糕圈，将甜点放在架子上，下方放置一个有边烤盘。给蛋糕淋上镜面。镜面凝固后，将蛋糕放在烘焙纸上。将椰蓉装饰在每块蛋糕的底部边缘。将绒面装饰放在每块甜点上，最后用少量菠萝果冻点缀一下即可。

巧克力格子蛋糕
CARRÉMENT CHOCOLAT

制作10块

制作时间
3小时

冷藏时间
2小时

冷冻时间
2小时

烘烤时间
15~20分钟

定形时间
45分钟

存放时间
放入冰箱冷藏可保存2天

工具
长40厘米、宽30厘米的蛋糕模
硅胶烤垫
电动打蛋器
即时读数温度计
食物料理棒
一次性裱花袋
边长5厘米、深5厘米的方模 8个
装有圣奥诺雷裱花嘴的裱花袋
长5厘米、宽3厘米的食品玻璃纸 2张

食材

巧克力海绵蛋糕坯
鸡蛋 250克
蛋黄 115克
糖 65克
转化糖 100克
可可含量60%~65%的考维曲黑巧克力碎 125克
黄油 190克
花生油 20毫升
面粉 115克

巧克力甘纳许
可可含量60%~65%的考维曲黑巧克力碎 125克
重质掼奶油 310毫升
转化糖 20克
黄油 60克

巧克力脆皮
可可含量60%的黑巧克力碎 75克
黄油 40克
杏仁膏 70克
榛子膏 40克
千层酥小薄片（或压碎的华夫饼）35克
盐之花 1.5克

巧克力慕斯
吉利丁粉 7克
冷水 42毫升
牛奶 320毫升
转化糖 25克
可可含量60%~65%的考维曲黑巧克力碎 430克
杏仁膏 70克
重质掼奶油 560毫升

巧克力淋酱
吉利丁粉 15克
冷水 90毫升
重质掼奶油 190毫升
葡萄糖浆 95克
无糖可可粉 70克
矿泉水 100毫升
细砂糖 260克
转化糖 28克

装饰
可食用金粉 10克
樱桃酒 10毫升
边长3厘米的巧克力薄方片 8片
边长4厘米的巧克力薄方片 8片
杏仁 若干

制作巧克力海绵蛋糕

将烤箱预热至160℃。将蛋糕模具放在铺有硅胶烤垫的烤盘中。将鸡蛋、蛋黄、细砂糖和转化糖在大碗中混合，用电动打蛋器搅打至浓稠起泡。将装有巧克力、黄油和花生油的大碗置于深底锅中刚刚开始冒细泡的热水上（水浴法），加热至化开。搅拌至顺滑。将化开的巧克力小心地拌入鸡蛋的混合物中，然后倒入面粉。将面糊倒入蛋糕模中，烘烤大约15分钟。取出后在模具中放凉。

制作巧克力甘纳许

将巧克力隔水加热至40℃，使其化开。在深底锅中，将重质掼奶油和转化糖一起烧开。倒在化开的巧克力上，搅拌至均匀混合。放入黄油，用食物料理棒搅打成顺滑的甘纳许。将甘纳许涂抹在模具中的巧克力海绵蛋糕上，放入冰箱冷藏45分钟。脱模后，再放回冰箱冷藏。

制作巧克力脆皮

将蛋糕模放在铺有烘焙纸的烤盘中。将巧克力隔水加热至40℃，使其化开。将杏仁膏和榛子膏用电动打蛋器搅拌在一起，然后混入千层酥小薄片和盐之花。拌入化开的巧克力，直到完全混合，均匀地在模具中涂抹开，放入冰箱冷藏30分钟，然后将巧克力脆皮放在甘纳许上。

制作巧克力慕斯

将吉利丁粉溶于冷水中。同时，将牛奶和转化糖在深底锅中加热至沸腾。将热牛奶倒入盛有巧克力碎的碗中，拌入杏仁膏和吉利丁粉溶液，用食物料理棒搅拌至顺滑。冷却至35℃，将重质掼奶油搅打至湿性发泡，并将其轻轻地拌入巧克力的混合物中。

制作巧克力淋酱

将吉利丁粉溶于冷水中。同时，将重质掼奶油和葡萄糖浆在深底锅中加热，注意不要将混合物烧开。拌入无糖可可粉。另取一口深底锅，将矿泉水和糖加热至110℃，然后倒在温热的奶油混合物中。倒入吉利丁粉溶液，用食物料理棒略微搅拌。拌入转化糖。放入冰箱冷藏待用，使用时温度应介于32~35℃之间。

组装蛋糕

将组合在一起的海绵蛋糕、甘纳许和巧克力脆皮切成8个边长为4.5厘米的方块。将巧克力慕斯舀入裱花袋中，剪掉尖端，挤入边长为5厘米的方模中，填至一半处，同时在内壁抹一层。将海绵方块蛋糕嵌入慕斯中，与表面齐平。放入冰箱冷冻至少12小时。将冻好的方块蛋糕脱模，放在架子上，在表面浇上淋酱。将金粉倒入樱桃酒中。用长条玻璃纸的边缘蘸取金粉混合物，在淋酱上印出金色细线。用剩余的巧克力慕斯，将大一些的巧克力薄方片固定在每块巧克力蛋糕的一侧，然后再将小一些的巧克力薄方片粘在每个方块蛋糕顶部。最后放上杏仁装饰即可。

巧克力泡芙
CHOUX CHOC

制作8个

制作时间
3小时

烘烤时间
55分钟

冷藏时间
3小时

冷冻时间
2小时

存放时间
放入冰箱冷藏可保存2天

工具
硅胶烤垫
装有直径15毫米圆形裱花嘴的裱花袋2个
长40厘米、宽30厘米的蛋糕模
直径4厘米的圆形饼干模
直径6厘米、深1.5厘米的8孔硅胶圆盘联排模或馅饼模
即时读数温度计
直径6厘米、深3厘米的8孔硅胶圆盘联排模
食物料理棒
耐热硬胶刮勺
擀面杖
细网筛

食材

巧克力泡芙面糊
全脂牛奶 120毫升
细海盐 2克
细砂糖 2克
黄油 50克
面粉 50克
无糖可可粉 15克
鸡蛋 120克

巧克力酥皮装饰
面粉 90克
无糖可可粉 15克
细砂糖 90克
黄油 75克

巧克力甜面团
黄油 125克
糖粉 90克
鸡蛋 40克
面粉 180克
杏仁粉 25克
无糖可可粉 25克

酥脆松子夹层
可可脂 6克
可可含量40%的牛奶巧克力碎 55克
吉安杜佳巧克力碎 70克
可可含量50%的杏仁膏 35克
焙烤过的松子 25克
大米花 20克
千层酥小薄片（或压碎的华夫饼）35克

绿茶蜂蜜慕斯
吉利丁粉 5克
冷水 30毫升
重质掼奶油 405毫升
散叶绿茶 3克
蜂蜜 20克
蛋黄 30克

巧克力奶油酱
可可含量64%或66%的黑巧克力碎 105克（或可可含量40%的牛奶巧克力碎 125克）
全脂牛奶 100毫升
重质掼奶油 100毫升
细砂糖 50克
蛋黄 30克

糖渍香梨
细砂糖 8克
NH果胶 2克
梨泥 100克
鲜梨 100克

巧克力淋酱
吉利丁粉 15克
冷水 90毫升
重质掼奶油 190毫升
葡萄糖浆 95克
无糖可可粉 70克
矿泉水 100毫升
细砂糖 260克
转化糖 28克

装饰
可可含量60%的黑巧克力 200克
去皮鲜梨 1个
绿茶茶叶 若干
可食用金箔片 适量

制作巧克力泡芙面糊

将硅胶烤垫铺在烤盘中。将全脂牛奶、盐、糖和黄油倒入深底锅中，烧开后离火。将面粉和无糖可可粉过筛后倒入锅中，用刮勺使劲搅拌，直到混合物成为黏稠的糊状。用小火加热深底锅，搅拌至变干，使面团可脱离锅壁。将面团放入碗中，一点点拌入鸡蛋，制成光滑细腻的面糊。将面糊倒入其中一只裱花袋中，在硅胶烤垫上挤出直径4厘米的泡芙坯。

制作巧克力酥皮装饰

将烤箱预热至180℃。将所有材料混合，形成膏状。涂抹在两张烘焙纸之间，擀成约2毫米厚。放入冰箱冷藏20分钟，取出后用饼干模制成直径4厘米的圆片。在每个泡芙坯上放一个圆片，烘烤35分钟。

制作巧克力甜面团

将烤箱预热至175℃，在烤盘中铺上烘焙纸。将切成小块的室温黄油和糖粉一起搅成糊状，然后掺入鸡蛋。将面粉、杏仁粉和无糖可可粉制成光滑的面团。将面团擀成3毫米厚，用饼干模制成8个直径4厘米的圆片。放在烤盘中，烘烤20分钟。

制作酥脆松子夹层

将可可脂、牛奶巧克力碎和吉安杜佳巧克力碎一起倒在碗中，置于深底锅中刚刚开始冒细泡的热水上（水浴法），加热至化开。拌入杏仁膏，混合均匀。加入焙烤过的松子、大米花和千层酥小薄片。倒入直径6厘米的圆模中，填至1.5厘米处，静置定形。

制作绿茶蜂蜜慕斯

将吉利丁粉溶于冷水中。将115毫升重质掼奶油和绿茶茶叶在深底锅中加热至50℃。离火，浸泡5分钟后用细网筛过滤，倒回深底锅中，加入蜂蜜后烧开。在碗中搅拌蛋黄，拌入一点热奶油，再倒回深底锅中。用刮勺不停地搅拌，将蛋奶糊加热至83℃，直到可以裹住勺背。离火，拌入吉利丁粉溶液，放凉待用。将剩余的重质掼奶油搅打至湿性发泡。当蛋奶糊冷却至25℃时，轻柔地拌入打发的奶油中。立即倒入较深的圆形模具中，填至约1厘米处。将定形的酥脆松子圆片放在慕斯上，放入冰箱冷冻至少2小时，或直到组装时再取出。

制作巧克力奶油酱

将巧克力隔水加热至35~40℃，使其化开。将全脂牛奶、重质掼奶油和25克糖在深底锅中烧开。将蛋黄和剩余的糖搅打至发白浓稠，倒入一点热牛奶和奶油的混合物，然后将混合物倒回锅中。用刮勺不停地搅拌，将蛋奶糊加热至83~85℃，直到可以裹住勺背。将其分三次倒入化开的巧克力中，用食物料理棒搅打至顺滑，然后倒入平底容器中，表面覆上保鲜膜，放入冰箱冷藏至少3小时。

制作糖渍香梨

将糖和NH果胶混合后拌入深底锅的香梨泥中，烧开后离火。冷藏2小时，直到完全冷却。将香梨切成5毫米见方的小丁，拌入梨泥中。放入冰箱冷藏，组装时取出。

制作装饰

将巧克力调温（做法详见第26~31页）。制作8个直径7厘米和8个直径4厘米的圆形薄片。

制作巧克力淋酱

将吉利丁粉溶于冷水中。将重质掼奶油和葡萄糖浆在深底锅中加热（不要烧开），拌入无糖可可粉。另取一口深底锅，将矿泉水和糖加热至110℃，倒在温热的奶油混合物中。加入吉利丁粉溶液，用食物料理棒搅拌均匀。倒入转化糖。放入冰箱待用，使用时温度应为32~35℃。

组装泡芙

将冷冻的圆形慕斯脱模后放在架子上，浇上32~35℃的淋酱。在泡芙底部开一个小口，用另一只裱花袋挤入巧克力奶油酱，填至一半，再用糖渍香梨填满。将泡芙翻转，在每个泡芙顶部放一个直径7厘米的巧克力圆片。在上面放上浇好淋酱的圆形慕斯，再摆上直径4厘米的巧克力圆片。将鲜梨切成1厘米见方的小丁，最后，用梨丁、绿茶叶和金箔碎片装饰即可。

蛋糕和庆贺蛋糕

黑森林蛋糕
FORÊT NOIRE

6~8人份

制作时间
1小时30分钟

烘烤时间
20分钟

冷藏时间
30分钟

存放时间
放入冰箱冷藏可保存24小时

工具
即时读数温度计
直径18厘米的圆形蛋糕模
立式搅拌机
耐热硬胶刮勺
抹刀

食材

巧克力杰诺瓦士海绵蛋糕坯
鸡蛋 100克
细砂糖 60克
面粉 50克
玉米淀粉 6克
无糖可可粉 6克

樱桃风味糖浆
水 50毫升
细砂糖 50克
莫利洛酒渍樱桃汁 50毫升
矿泉水 25毫升

空气甘纳许
重质掼奶油 90毫升
转化糖 8克
可可含量58%的考维曲黑巧克力碎 30克

香缇奶油酱
重质掼奶油 300毫升
糖粉 30克
香草精 2毫升

夹心和装饰
莫利洛酒渍樱桃 150克
巧克力卷（做法详见第112页）

制作巧克力杰诺瓦士海绵蛋糕坯

将烤箱预热至180℃。将装有鸡蛋和糖的大碗置于盛有热水的平底锅中，搅打至浓稠，注意温度不要超过45℃。继续搅打，直到混合物滴落时呈缎带状。筛入面粉、玉米淀粉和无糖可可粉，用刮勺轻柔地翻拌。将面糊倒入抹过油的蛋糕模中，烘烤20分钟。

制作樱桃风味糖浆

将所有材料在深底锅中混合。加热至糖化开，然后烧开，放凉待用。

制作空气甘纳许

将30毫升重质掼奶油和转化糖在锅中加热。拌入考维曲黑巧克力碎，化开后搅打至顺滑。放凉。将放凉的甘纳许与剩余冷藏的重质掼奶油倒在一起，用立式搅拌机搅打至细腻丝滑。

制作香缇奶油酱

将立式搅拌机的搅拌碗洗净擦干，倒入所有材料搅打，直到膨松充满空气。

组装蛋糕

将海绵蛋糕坯平均分成3层。将第一层刷上糖浆，并用抹刀涂上甘纳许，在上面放上酒渍樱桃。将第二层置于樱桃上，刷糖浆，涂抹香缇奶油酱，再放上最后一层海绵蛋糕，刷糖浆，将蛋糕裹上奶油酱。放入冰箱冷藏30分钟，取出后用巧克力卷装饰即可。

名厨笔记 CHEFS' NOTES

- 这款蛋糕组装时可以不用蛋糕模。

歌剧院蛋糕
OPÉRA

6~8人份

准备时间
2小时

制作时间
8分钟

冷藏时间
1小时

存放时间
冰箱冷藏可保存3天

工具
立式搅拌机
铺有烘焙纸的长60厘米、宽40厘米的烤盘
即时读数温度计
食物料理棒
边长12厘米、高2.5厘米的方形蛋糕模
糕点刷

食材

乔孔达海绵蛋糕坯
鸡蛋 150克
糖粉 115克
杏仁粉 115克
黄油 45克
面粉 30克
蛋清 105克
细砂糖 15克

黄油奶油酱
水 100毫升
细砂糖 100克
蛋清 125克
黄油 325克
根据口味添加咖啡

甘纳许
全脂牛奶 160克
重质掼奶油 35毫升
可可含量 64%的黑巧克力碎 125克
黄油 65克

咖啡味糖浆
水 750毫升
细砂糖 60克
速溶浓缩咖啡颗粒 60克

镜面
棕色镜面淋酱 100克
可可含量58%的黑巧克力 100克
玉米油 50克
融化的巧克力 少许（用于蛋糕基底）

制作乔孔达海绵蛋糕坯

将烤箱预热至180℃。将鸡蛋、糖粉、杏仁粉、融化的黄油和面粉在立式搅拌机中高速搅打5分钟。将混合物倒入碗中。将立式搅拌机的搅拌桶洗净擦干，搅打蛋清，逐量加糖，直到干性发泡且富有光泽。小心地将之前的混合物拌入蛋白霜内，之后涂抹在烤盘中，烘烤5~8分钟。蛋糕坯应该按起来富有弹性但不会太干。

制作黄油奶油酱

在锅中将糖溶于水，熬煮至117℃。同时，用立式搅拌机搅打蛋清，将热糖浆慢慢地以细流方式倒入，中速不停地搅拌，直到蛋清冷却至20~25℃。加入切成小块的黄油，搅拌至混合物细腻，之后加入咖啡调味。冷藏待用。

制作甘纳许

将牛奶和重质掼奶油在锅中烧开，倒在巧克力上，搅拌至化开。加入切成小块的黄油，用食物料理棒搅打至顺滑。

制作咖啡味糖浆

在平底锅中将糖溶于水后烧开。离火，拌入速溶浓缩咖啡粒至溶化。放凉待用。

组装蛋糕

将乔孔达蛋糕坯切成3块边长为12厘米的正方形。将其中一块的底部刷上一点融化的巧克力，放入蛋糕模中定形，将海绵蛋糕坯用糖浆浸润，再涂上黄油奶油酱。将第二块海绵蛋糕坯的两面都浸上糖浆，放在第一块海绵蛋糕坯顶部，涂上甘纳许。将最后一块海绵蛋糕坯的两面浸上糖浆，放在甘纳许上，再涂上黄油奶油酱。冷藏1小时直到变硬。将装有镜面淋酱和巧克力的容器放在盛有热水的锅上，隔水加热至化开，或者放入微波炉中加热，拌入玉米油。当蛋糕冷却变硬后，裹上镜面即可。

皇室巧克力蛋糕

ROYAL CHOCOLAT

8~10人份

准备时间
2小时

制作时间
10~12分钟

冷冻时间
1小时30分钟

存放时间
冰箱冷藏可保存3天

工具
细网筛
硅胶刮刀
立式搅拌机
长40厘米、宽30厘米的不粘烤盘
即时读数温度计
巧克力喷枪
直径20厘米的蛋糕圈
曲柄抹刀
装有直径3毫米圆形裱花嘴的裱花袋

食材

杏仁达克瓦兹
糖粉 125克
杏仁粉 125克
玉米淀粉 25克
蛋清 150克
细砂糖 75克
黄砂糖 25克

千层酥
考维曲牛奶巧克力 40克
榛子膏（或杏仁膏）50克
千层酥小薄片（或压碎的华夫饼）50克

巧克力慕斯
全脂牛奶 160克
蛋黄 50克
细砂糖 30克
可可含量58%的考维曲黑巧克力碎 190克
重质掼奶油 300毫升

丝绒喷砂
可可脂 50克
可可含量58%的考维曲牛奶巧克力 50克

制作杏仁达克瓦兹

将烤箱预热至210℃。将糖粉、杏仁粉和玉米淀粉一同过筛。给立式搅拌机装上打蛋笼，将蛋清搅打至湿性发泡。逐量拌入细砂糖和黄砂糖，搅打至干性发泡且富有光泽。将干性原料小心地用刮刀翻拌至混合。将一半面糊均匀地涂抹在不粘烤盘中，烘烤10~12分钟，剩余的留下备用。

制作千层酥

将巧克力融化，然后小心地与其他原料混合。

制作巧克力慕斯

用除奶油以外的所列材料制作巧克力卡仕达酱（做法详见第48页）。放至40℃。将奶油搅打至湿性发泡，拌入巧克力卡仕达酱中。

制作丝绒喷砂

将分别装有可可脂和巧克力的两只碗，放在盛有热水的锅上，隔水加热至35℃。将二者混合，加热至50℃。将细网筛洗净，过滤混合物，然后倒入巧克力喷枪中。

组装蛋糕

将达克瓦兹切成2个直径18厘米的圆片。将其中一个放入蛋糕圈中，涂抹足够多的巧克力慕斯，填至蛋糕圈高度的1/3处。用曲柄抹刀抹平，压碎任何存在的气泡。在第二块圆片上撒一层千层酥小薄片，放在巧克力慕斯上。在第二块达克瓦兹上涂抹足够多的巧克力慕斯，用抹刀整平。冷冻1小时30分钟。将剩余的慕斯舀入裱花袋中，在蛋糕一侧挤上细条作为装饰，最好在蛋糕仍在冷冻状态时完成。为蛋糕喷上丝绒般质感的喷砂。

巧克力国王蛋糕

GALETTE DES ROIS AU CHOCOLAT

6人份

制作时间
2小时

冷藏时间
1小时20分钟

烘烤时间
30~40分钟

冷却时间
30分钟

存放时间
放入密封容器中，在16~18℃的环境中可存放2天

工具
电动打蛋器
擀面杖
直径20厘米的蛋糕圈或挞圈
一次性裱花袋
幸运符或小装饰品（非必需）
削皮刀

食材

榛子奶油酱
黄油 60克
细砂糖 60克
鸡蛋 50克
杏仁粉 20克
榛子粉 40克

糕点酱和夹心
巧克力千层派皮 500克（做法详见第66页）
牛奶巧克力金币 100克

蛋液
鸡蛋 50克

糖浆
水 100毫升
细砂糖 100克

制作榛子奶油酱

在搅拌碗中，将软化的黄油和细砂糖搅打至发白浓稠。拌入鸡蛋，然后倒入杏仁粉和榛子粉，用力搅打，直到顺滑细腻。

组装国王蛋糕

将榛子奶油酱分成二等份。将面团擀成薄片，切成两个边长20厘米的正方形。用蛋糕圈将其中一片正方形切成直径20厘米的圆，提起后放在烤盘中。在圆形面皮上刷一点蛋液。将榛子奶油酱舀入裱花袋中，剪掉尖端，在面皮上挤出直径16厘米的螺旋形，注意一定要从中心开始挤。如果有的话，将幸运符压入奶油中。将牛奶巧克力金币均匀地放在榛子奶油酱上，形成规整的圆。将另一张方形面皮小心地放在榛子奶油酱上，小心地将两块面皮合在一起，沿着边缘挤压封口。放入冰箱冷藏20分钟。另取一个烤盘，打湿，放在国王蛋糕上，小心地翻转，将蛋糕倒扣在上面。将蛋糕圈放在面皮中央，使劲下压，使其切割所有的分层，制成直径20厘米的圆。用削皮刀的刀背沿着面皮的边缘割出斜纹，以免烘烤时夹心溢出。在顶部刷上蛋液，放入冰箱冷藏约1小时。将烤箱预热至180℃。给顶部再次刷上蛋液，用刀尖划出装饰性图案。在顶部戳四五个小孔，以便蒸汽排出。烘烤30~40分钟，或者直到蛋糕充分膨胀。

制作糖浆

蛋糕快要烤好时，将水和细砂糖在深底锅中烧开，制成普通糖浆。将国王蛋糕从烤箱中取出后，在蛋糕顶部薄薄地刷上一层糖浆。放凉，大约30分钟后即可享用。

莫扎特圣诞木柴蛋糕

BÛCHE MOZART

8~10人份

制作时间
2小时

烘烤时间
8~10分钟

定形时间
20分钟

冷冻时间
3小时

存放时间
放入冰箱冷藏可保存2天

工具
硅胶烤垫
立式搅拌机
曲柄抹刀
长30厘米、宽8厘米和长30厘米、宽4厘米的木柴蛋糕模
即时读数温度计
食物料理棒
硅胶刮刀
细网筛

食材

巧克力乔孔达海绵蛋糕坯
杏仁粉 125克
糖粉 125克
面粉 25克
无糖可可粉 10克
鸡蛋 175克
黄油 25克
蛋清 125克
细砂糖 20克

酥脆杏仁糖夹层
可可含量64%的考维曲黑巧克力碎 15克
可可含量40%的考维曲牛奶巧克力碎 15克
杏仁膏 125克
榛子酱 50克
千层酥小薄片 80克

香草奶冻
牛奶 250毫升
重质掼奶油 250毫升
香草荚 2根
蛋黄 150克
细砂糖 75克
吉利丁粉 5克
冷水 60毫升

巧克力慕斯
可可含量64%的考维曲黑巧克力碎 125克
普通糖浆（由等量的糖和水制成）55毫升
蛋黄 40克
重质掼奶油 250毫升

黑巧克力淋酱
吉利丁粉 25克
冷水 290毫升
细砂糖 300克
葡萄糖浆 300克
甜炼乳 200克
可可含量60%的黑巧克力碎 360克

制作巧克力乔孔达海绵蛋糕坯

将烤箱预热至230℃，将硅胶烤垫铺在烤盘中。给立式搅拌机装上平搅器，在搅拌碗中倒入杏仁粉、糖粉、面粉和无糖可可粉。分三次等量地加入鸡蛋。中速搅打，直到变得顺滑细腻膨松。倒入大搅拌碗中，拌入融化后冷却的黄油。将立式搅拌机的搅拌碗洗净擦干，装上打蛋笼。将蛋清和糖搅打至干性发泡。用刮刀轻柔地将蛋白拌入面糊中，直到混合且膨松。将面糊倒在硅胶烤垫上，用曲柄抹刀涂开。用大拇指将烤垫边缘揩净。烘烤8~10分钟。烤好后，小心地从烤箱中取出，放在架子上冷却。

制作酥脆杏仁糖夹层

将装有黑巧克力碎和牛奶巧克力碎的碗置于深底锅中刚刚开始冒细泡的热水上（水浴法），加热至化开。将杏仁膏和榛子酱混合，拌入化开的巧克力中。倒入千层酥小薄片，轻柔地翻拌。倒在硅胶烤垫上，薄薄地摊开，静置定形。

制作香草奶冻

用给出的食材制作卡仕达酱（做法详见第48页），将香草荚纵向剖开，刮出香草籽，并将香草籽浸泡在牛奶和重质掼奶油中。将吉利丁粉溶于水后拌入卡仕达酱中，将混合物倒入小一些的木柴蛋糕模具中。静置定形。

制作巧克力慕斯

将巧克力隔水加热至45℃，使其化开。将普通糖浆烧开。将蛋黄搅打至发白浓稠，再一点点淋入糖浆，不停地搅拌，直到温度降至25℃。将重质掼奶油搅打至湿性发泡。将三分之一打发的奶油拌入化开的巧克力中，然后再倒入剩余的部分，轻柔地翻拌。倒入蛋黄的混合物中，搅拌至混合顺滑。

制作黑巧克力淋酱

将吉利丁粉溶于140毫升的冷水中。将糖、剩余的水和葡萄糖浆在深底锅中加热至103℃。拌入甜炼乳，然后倒入吉利丁粉溶液。倒入装有黑巧克力碎的碗中，用食物料理棒搅打至顺滑。用细网筛过滤，放凉至30℃时再使用。

组装木柴蛋糕

将乔孔达海绵蛋糕坯切成两个长条（分别为长28厘米、宽16厘米和长28厘米、宽8厘米）。将酥脆杏仁糖夹层切成长28厘米、宽8厘米。在大号木柴蛋糕模中铺上长28厘米、宽16厘米的乔孔达海绵蛋糕坯，在上面涂抹巧克力慕斯，填至模具的三分之一处左右。将香草奶冻脱模，放在巧克力慕斯上，在顶部涂抹巧克力慕斯。将小一点的海绵蛋糕坯长条放在慕斯上，接着放上条状酥脆杏仁糖夹层。冷冻3小时。小心地在架子上脱模，浇上30℃的黑巧克力淋酱。最后放上自己喜欢的装饰即可。

巧克力夏洛特
CHARLOTTE AU CHOCOLAT

6人份

制作时间
1小时30分钟

烘烤时间
8~10分钟

冷藏时间
2~3小时

存放时间
放入冰箱冷藏可保存3天

工具
立式搅拌机
装有直径6毫米圆形裱花嘴的裱花袋
直径16厘米、深4.5厘米的蛋糕圈
食品玻璃纸
耐热硬胶刮勺
细网筛

食材

巧克力手指饼海绵蛋糕坯
黄油 30克
可可含量64%的黑巧克力碎 75克
蛋清 120克
细砂糖 40克
蛋黄 65克
无糖可可粉 15克
面粉 20克
玉米淀粉 20克
糖粉 适量

巧克力糖浆
细砂糖 50克
水 65毫升
无糖可可粉 15克
葡萄糖浆 15克

巧克力巴伐利亚奶油酱
吉利丁粉 2克
冷水 5毫升
牛奶 125毫升
蛋黄 40克
细砂糖 40克
可可含量50%的黑巧克力碎 65克
无糖可可粉 15克
重质掼奶油 125毫升

装饰
大片牛奶巧克卷（做法详见第112页）200克
无糖可可粉 适量
糖粉 适量

名厨笔记 CHEFS' NOTES

· 将烤好的手指形海绵蛋糕坯立即在金属网架上脱模，以免变干，且一旦凉透，马上放入冰箱冷藏。

制作巧克力手指饼海绵蛋糕坯

将烤箱预热至210℃，在烤盘中铺上烘焙纸。将黄油和黑巧克力碎倒入碗中，置于深底锅中刚刚开始冒细泡的水上（水浴法），加热至化开。同时，给立式搅拌机装上打蛋笼，将蛋清和一半的细砂糖搅打成坚挺绵密的蛋白霜。另取一个碗，将蛋黄和剩余的细砂糖一起搅打。将蛋白霜轻柔地拌入蛋黄的混合物中，用刮勺翻拌均匀。将少量蛋白霜拌入巧克力中稀释，然后再倒入剩余的蛋白霜翻拌均匀。将无糖可可粉、面粉和玉米淀粉一同过筛，轻柔地拌入面糊中，注意不要消泡。将面糊舀入裱花袋中，在烤盘中挤两个直径14厘米的圆片，然后挤出一排手指饼，一块接着一块，略微倾斜，几乎挨着，使其形成一个长60厘米、宽6厘米的长方形，这样烘烤时便可以粘在一起。筛撒上糖粉，烘烤6~8分钟。

制作巧克力糖浆

将材料在深底锅中混合后烧开。用细网筛过滤，放入冰箱冷藏，直到组装时取出。

制作巧克力巴伐利亚奶油酱

将吉利丁粉溶于冷水中。在大碗中盛装冰水。将牛奶在深底锅中烧开。同时，将蛋黄和糖搅打至发白浓稠。将热牛奶逐量拌入蛋黄中。将蛋奶糊倒回深底锅中，加热至83℃，不停地搅拌。倒入盛装黑巧克力碎的碗中，搅拌至顺滑。倒入吉利丁粉溶液，将碗放在冰水上冷却。当蛋奶酱的温度降至14~16℃时，拌入无糖可可粉。将重质掼奶油搅打至干性发泡，掺入蛋奶酱中，轻柔翻拌至顺滑。需要注意的是，组装夏洛特时奶油酱不能凝固。

组装并装饰夏洛特

在蛋糕圈内壁围上一圈食品玻璃纸。将手指饼海绵蛋糕坯切开，贴着食品玻璃纸围在蛋糕圈中。将其中一块海绵蛋糕坯圆片放在蛋糕圈中作为基底，刷上巧克力糖浆。倒入巴伐利亚奶油酱，填至蛋糕圈高度的一半处。将另一块海绵蛋糕坯圆片的两面都刷上巧克力糖浆，放在奶油酱上。用剩余的巴伐利亚奶油酱填至蛋糕圈顶部。用大片巧克力卷装饰，放入冰箱冷藏，直到奶油酱凝固（至少2小时）。筛撒上无糖可可粉和糖粉后，即可享用。

巧克力圣奥诺雷
SAINT-HONORÉ AU CHOCOLAT

6人份

制作时间
3小时

冷藏时间
过夜

冷冻时间
45分钟

烘烤时间
40分钟

存放时间
放入冰箱冷藏可保存24小时

工具
即时读数温度计
食物料理棒
直径16厘米的圆形硅胶模
硅胶烤垫
装有直径10毫米圆形裱花嘴的裱花袋 2个
装有圣奥诺雷裱花嘴的裱花袋
直径3厘米的圆形饼干模
电动打蛋器
耐热硬胶刮勺
擀面杖

食材

巧克力奶油酱
可可含量64%或66%的黑巧克力 105克
（或可可含量40%的牛奶巧克力 125克）
重质掼奶油 100毫升
全脂牛奶 100毫升
细砂糖 50克
蛋黄 30克

巧克力千层派皮
做法详见第66页

巧克力泡芙面糊
低脂牛奶 55毫升
盐 1克
黄油 25克
面粉 25克
无糖可可粉 6克
鸡蛋 55克

巧克力面屑
面粉 120克
无糖可可粉 20克
黄砂糖 120克
黄油 100克
可可豆碎粒 15克

巧克力香缇奶油酱
可可含量64%的黑巧克力碎 80克
重质掼奶油 200毫升
香草荚 1/2根

巧克力淋酱
吉利丁粉 28克
冷水 150毫升
重质掼奶油 190毫升
葡萄糖浆 95克
无糖可可粉 70克
矿泉水 100毫升
细砂糖 260克
转化糖 28克

装饰
可食用金箔片

制作巧克力奶油酱（提前一天完成）

将装有黑巧克力或牛奶巧克力的碗，置于深底锅中刚开始冒细泡的热水上（水浴法），加热至35~40℃，使其化开。将重质掼奶油、全脂牛奶和25克细砂糖倒入深底锅中混合并烧开。将蛋黄和剩余的糖混合，搅打至发白浓稠。在其中搅入一点热奶油的混合物，然后倒回深底锅中。用刮勺不停搅拌，将蛋奶酱加热至83~85℃，直到可以裹住勺背。将蛋奶酱分三次拌入化开的巧克力中，然后用食物料理棒搅打至顺滑。将混合物倒入硅胶模具中至高度约2厘米，冷冻45分钟（或直到组装时取出）。将剩余的奶油酱倒入碗中，表面覆上保鲜膜，放入冰箱冷藏过夜。

烘烤巧克力千层派皮

将烤箱预热至170℃。将面团擀成直径20厘米、厚3毫米的圆薄片，放入铺有烘焙纸的烤盘中。在面皮上再盖上一张烘焙纸，放上烤盘，以免面皮在烘烤过程中过度膨胀。烘烤15~20分钟。

制作巧克力泡芙面糊

在烤盘中铺上硅胶烤垫。在深底锅中，将低脂牛奶、盐和切成小块的黄油一起烧开。将面粉和无糖可可粉一同过筛。深底锅离火。一次性倒入过筛的食材，用刮勺使劲搅拌成黏稠的膏状物。再次将深底锅放回火上，小火加热，直到膏状物干燥，变成脱离锅壁的面团。再次离火，分几次加入鸡蛋，一次倒一点，直到面团变成顺滑的面糊，用刮勺划开一道后，慢慢合拢为止。将面糊填入装有圆形裱花嘴的裱花袋中，在硅胶垫上挤出7个直径3厘米的圆。静置待用。

制作巧克力面屑

将烤箱预热至170℃。用指尖将面粉、无糖可可粉和黄砂糖在操作台或碗中混合。加入切成小块的软化黄油和可可豆碎粒，将混合物搓成粗糙的沙粒状。先将混合物揉成球形，然后擀成3毫米厚的片。放入冰箱冷冻20分钟。用饼干模切成直径3厘米的圆片，轻轻地放在未烘烤的泡芙上。烘烤15~20分钟。

制作巧克力香缇奶油酱

将黑巧克力碎隔水加热至55℃，使其化开。将香草荚纵向剖开，刮出香草籽。用电动打蛋器将重质掼奶油和香草籽在大碗中搅打至干性发泡。将少量香缇奶油酱拌入化开的巧克力中，然后将混合物掺入剩余的香缇奶油酱中，用刮勺轻柔地翻拌。舀入装有圣奥诺雷裱花嘴的裱花袋中。

制作巧克力淋酱

将吉利丁粉溶于冷水中。将重质掼奶油和葡萄糖浆在深底锅中加热，注意不要烧开。拌入无糖可可粉。另取一口深底锅，将矿泉水和细砂糖加热至110℃，浇在温热的奶油混合物中。加入吉利丁粉溶液，用食物料理棒搅拌。加入转化糖。将巧克力淋酱放入冰箱中冷藏，组装时温度必须介于32~35℃。

组装巧克力圣奥诺雷

在每个泡芙底部戳一个小洞，用另一只装有圆形裱花嘴的裱花袋填入冷藏后的奶油酱。将泡芙顶部蘸上32~35℃的巧克力淋酱。将千层派皮圆片放在甜点盘中，将冷冻的奶油酱圆片脱模，放在派皮上。将6个泡芙两两对称地围成一圈。将巧克力香缇奶油酱挤在蛋糕中心和泡芙之间，形成漂亮的图案。顶部放上最后一个泡芙，装饰上金箔片。

巧克力拿破仑
MILLE-FEUILLE AU CHOCOLAT

6人份

制作时间
3小时

冷藏时间
4小时

烘烤时间
40分钟

存放时间
放入冰箱冷藏可保存2天

工具
擀面杖
长60厘米、宽40厘米的食品玻璃纸
曲柄抹刀
锯齿刀
装有直径15毫米圆形裱花嘴的裱花袋
装有缎带裱花嘴的裱花袋

食材

巧克力千层派皮
盐 5克
水 145毫升
面粉 220克
无糖可可粉 20克
黄油 25克
乳脂含量84%的冷藏黄油 200克

空气巧克力甘纳许
重质掼奶油 700毫升
葡萄糖浆 50克
可可含量70%的黑巧克力碎 190克

酥脆巧克力夹层
千层酥小薄片（或压碎的华夫饼）50克
可食用金粉 1克
可可含量64%的黑巧克力碎 200克
可可豆碎粒 50克

制作巧克力千层派皮

使用给定的食材（黄油需融化后冷却），制作巧克力千层派皮（做法详见第66页）。将面团擀成2厘米厚的面皮，切成两个边长18厘米的正方形。放入冰箱冷藏1小时。将烤箱预热至170℃，在烤盘中铺上烘焙纸。将正方形千层派皮放入烤盘中，盖上另一张烘焙纸，压上另一个烤盘。烘烤约40分钟。

制作空气巧克力甘纳许

将250毫升重质掼奶油和葡萄糖浆烧开，浇在碗中的黑巧克力碎上，搅打成顺滑的甘纳许。倒入剩余的450毫升重质掼奶油，搅打至顺滑。在表面覆上保鲜膜，放入冰箱冷藏至少3小时。

制作酥脆巧克力夹层

将千层酥小薄片裹上金粉，然后压成小碎片。将巧克力调温（做法详见第26~31页），倒在食品玻璃纸上。用曲柄抹刀将巧克力均匀涂抹成二三毫米厚。撒上可可豆碎粒和千层酥小薄片，静置二三分钟。用锋利的刀将巧克力切成边长16厘米的正方形作为顶层，再切出数片边长2厘米和3厘米的小正方形用于装饰。

组装拿破仑

当千层派皮凉透后，小心地用锯齿刀切成边长16厘米的正方形。用装有圆形裱花嘴的裱花袋在正方形派皮上挤出巧克力甘纳许小丘，将派皮完全填满。轻轻地将大块酥脆巧克力正方形放在上面。用另一个裱花袋纵向地挤上缎带状甘纳许作为装饰，再放上酥脆巧克力夹层小方片即可。

巧克力栗子蛋糕

MONT-BLANC AU CHOCOLAT

8人份

制作时间
2小时

浸泡时间
12小时或过夜

烘烤时间
1小时30分钟

冷藏时间
5小时30分钟

存放时间
用保鲜膜裹好，放入冰箱冷藏可保存2天

工具
细网筛
即时读数温度计
手持搅拌器或立式搅拌机
装有直径1厘米圆形裱花嘴的裱花袋2个
食物料理棒
装有蒙布朗裱花嘴的裱花袋

食材

空气小豆蔻甘纳许
豆蔻荚 10个
香草荚 2根
冷藏重质掼奶油720毫升
吉利丁片 12克
可可含量35%的白巧克力碎 360克

巧克力蛋白酥
蛋清 100克
细砂糖 100克
糖粉 60克
无糖可可粉 40克

橙子柠檬泥
橙子 300克
柠檬 200克
黄油 30克
黄砂糖 60克
细砂糖 150克
百花蜂蜜 50克
玉米淀粉 12克
水 120毫升

空气栗子奶油酱
全脂牛奶 60毫升
蛋黄 45克
卡仕达粉 5克
栗子酱 5克
黄油 155克
朗姆酒 10毫升

装饰
糖渍栗子碎 50克
可食用金箔片 适量

制作空气小豆蔻甘纳许（提前一天完成）

将豆蔻荚压碎去籽，将香草荚纵向剖开，刮出香草籽。将小豆蔻荚碎和香草籽倒入重质掼奶油中，放入冰箱冷藏，浸泡至少12小时。用细网筛过滤浸泡后的重质掼奶油，然后加热至50℃。将吉利丁片在装有冷水的碗中浸软。当奶油达到合适的温度时，挤掉吉利丁片上多余的水分，拌入加热后的奶油中，直到彻底溶解。将装有白巧克力碎的碗置于深底锅中刚开始冒细泡的热水上（水浴法），加热至35℃，使其化开。将热奶油倒在化开的白巧克力上，搅拌成非常顺滑的甘纳许。冷藏至少4小时。使用手持搅拌器或立式搅拌机，将甘纳许搅打成膨松的状态。

制作巧克力蛋白酥

将烤箱预热至80℃，在烤盘中铺上烘焙纸。用给出的食材制作巧克力蛋白酥（做法详见第212页）。将混合物放入装有圆形裱花嘴的裱花袋中，挤出一个长20厘米、宽8厘米的长方形。烘烤1小时。

制作橙子柠檬泥

将橙子和柠檬洗净，保留果皮，放入盛有水的深底锅中。烧开，炖煮30分钟。取出橙子和柠檬，切片。用黄油和黄砂糖为水果片裹上一层焦糖。倒入细砂糖和百花蜂蜜，再倒入足量的水没过橙子片和柠檬片。加热至微沸后继续熬煮，直到水分完全蒸发。将玉米淀粉溶于120毫升水中，拌入水果片的混合物中。继续炖煮，不停地搅拌，直到混合物变得黏稠。放凉后用食物料理棒搅打成泥。

制作空气栗子奶油酱

在深底锅中，将全脂牛奶烧开。将蛋黄和卡仕达粉一同搅打。一点点倒入烧开的牛奶，不停地搅拌，然后倒回深底锅中。煮至微沸，不停地搅拌，继续熬煮1分钟。离火，倒入栗子酱和朗姆酒。放凉，冷却至20℃后拌入切成小块的室温黄油。

组装蛋糕

将空气甘纳许放入装有圆形裱花嘴的裱花袋中。挤在蛋白酥中央，在表面抹上橙子柠檬泥。冷藏1小时。将空气栗子奶油酱放入装有蒙布朗裱花嘴的裱花袋中，挤在顶部。再次放入冰箱，冷藏30分钟。取出后用糖渍栗子碎和金箔片装饰即可。

巧克力樱桃夹心蛋糕

ENTREMETS CHERRY CHOCOLAT

制作4块

制作时间

3小时

冷藏时间

过夜

浸泡时间

1小时

烘烤时间

40~50分钟

定形时间

3小时

冷冻时间

2小时

存放时间

放入冰箱冷藏可保存2天

工具

硅胶刮刀
擀面杖
细网筛
即时读数温度计
硅胶烤垫 2张
长54厘米、宽9厘米、深4.5厘米的蛋糕模
曲柄抹刀
长36厘米、宽26厘米的蛋糕模
立式搅拌机
直径10厘米的半球模 8个
拉糖专用手套
直径8厘米的圆形饼干模
食物料理棒
牙签

食材

巧克力布列塔尼饼干
可可含量64%的考维曲黑巧克力碎 70克
黄油 330克
细砂糖 255克
蛋黄 200克
海盐（最好为盖朗德产）9克
面粉 360克
泡打粉 20克
无糖可可粉 30克
黄砂糖 10克

榛子薄脆
可可含量66%的榛子杏仁糖黑巧克力碎 150克
可可含量64%的黑巧克力碎 100克
榛子膏 120克
千层酥小薄片（或压碎的华夫饼）255克

巧克力海绵蛋糕坯
可可含量64%的黑巧克力碎 50克
黄油 100克
糖粉 70克
蛋黄 200克
蛋清 160克
细砂糖 60克
面粉 30克
无糖可可粉 10克

黑巧克力慕斯
吉利丁粉 15克
冷水 90毫升
可可含量64%的黑巧克力 600克
蛋黄 230克
重质掼奶油 500毫升
普通糖浆（由等量的水和糖制成）320毫升

酸樱桃果酱
去核酸樱桃（最好为莫利洛）800克
樱桃酒 120毫升
细砂糖 290克
NH果胶 20克
莫利洛樱桃泥 240克
覆盆子泥 120克
黄原胶 4克

巧克力蛋壳
调温的考维曲黑巧克力（做法详见第26~31页）300克

装饰性果柄
益寿糖 200克
水 20毫升
天然绿色食用色素粉 适量

红色淋酱
吉利丁粉 5克
冷水 60毫升
细砂糖 60克
葡萄糖浆 60克
甜炼乳 40克
白巧克力碎 60克
天然红色食用色素粉 0.5克
天然金色食用色素粉 0.2克

制作巧克力布列塔尼饼干（提前一天准备）

将装有黑巧克力碎的碗置于深底锅中刚开始冒细泡的水上（水浴法），加热至50℃，使其化开。将切成小块的软化黄油和细砂糖搅打成糊状。另取一个碗，将蛋黄和盐搅打至发白浓稠。一点点将蛋黄拌入黄油和细砂糖的混合物中。筛入面粉、泡打粉和无糖可可粉，用刮刀混合均匀。轻轻地揉成光滑的面团，注意不要过度揉捏。小心地拌入化开的黑巧克力。将面团揉成球形，用保鲜膜裹好，放入冰箱冷藏过夜。第二天，将烤箱预热至170℃。在烤盘中铺上硅胶烤垫，撒上黄砂糖，将面团擀成4毫米厚的面皮。烘烤20~25分钟。

制作榛子薄脆

将长54厘米、宽9厘米的蛋糕模放在铺有硅胶烤垫的烤盘中。将两种黑巧克力碎倒入碗中，隔水加热至化开。将化开的黑巧克力倒在榛子膏上，搅拌至完全融合。拌入千层酥小薄片。用曲柄抹刀将混合物均匀地涂抹在蛋糕模中。静置2小时。

制作巧克力海绵蛋糕坯

将烤箱预热至160℃。将长36厘米、宽26厘米的蛋糕模放在铺有烘焙纸的烤盘中。将黑巧克力碎隔水加热至45℃，使其化开。给立式搅拌机装上平搅器，将切成小块的软化黄油、糖粉和化开的巧克力在立式搅拌机的搅拌碗中搅打至顺滑。一点点放入蛋黄。另取一个碗，将蛋清搅打成泡沫状，分几次加入细砂糖，搅打成绵密的蛋白霜。将一半的蛋白霜拌入巧克力的混合物中，然后筛入面粉和无糖可可粉，拌匀。轻柔地拌入剩余的蛋白霜。将面糊倒入蛋糕模中，烘烤20~25分钟。

制作黑巧克力慕斯

将吉利丁粉溶于冷水中。将黑巧克力隔水加热至50℃，使其化开。另取一个隔热碗，将蛋黄搅打至细腻。在第三个碗中，将重质掼奶油搅打至湿性发泡。将糖浆在深底锅中烧开，沸煮1分钟。将热糖浆以细流的方式淋入蛋黄中，不停地搅拌，制作成炸弹面糊。继续搅拌，直到混合物冷却至30℃。将一半的打发奶油掺入化开的巧克力中。用刮刀轻柔地拌入炸弹面糊，接着倒入吉利丁粉溶液，注意不要让慕斯消泡。拌入剩余的打发奶油。

制作酸樱桃果酱

将樱桃在樱桃酒中浸泡1小时。沥干。将细砂糖和NH果胶在碗中混合。将莫利洛樱桃泥、覆盆子泥和黄原胶搅拌至完全融合，然后在深底锅中加热至40℃。拌入糖和果胶的混合物，继续加热至104℃。倒入沥干的樱桃。静置待用。

制作巧克力蛋壳

用直径10厘米的半球模具制作8颗巧克力蛋壳（做法见第40页）。静置定形1小时。保留剩余的调温巧克力，组装蛋糕时使用。

制作装饰性果柄

将益寿糖和水在深底锅中加热至180℃，然后小心地拌入适量的绿色食用色素粉，获得理想中的颜色。放凉至40℃。戴上拉糖专用（隔热）手套，将糖小心地折叠和抻拉至光滑，直至呈现出缎子般的光泽。塑成樱桃果柄和叶片的形状，静置定形。

组装樱桃夹心蛋糕并制作红色淋酱

将巧克力海绵蛋糕坯、榛子薄脆和布列塔尼饼干用饼干模分别切割成8个圆片。在还未脱模的巧克力蛋壳中填入巧克力慕斯，上面放一块海绵蛋糕坯圆片。在海绵蛋糕坯上薄薄地涂抹一层酸樱桃果酱，放一块榛子薄脆圆片。再涂抹一层巧克力慕斯，填至将满，最后压上一片甜饼干。冷冻2小时。

制作红色淋酱：将吉利丁粉溶于30毫升冷水中，浸泡20分钟。将剩余的水、糖和葡萄糖浆在深底锅中加热至103℃，熬成糖浆。拌入甜炼乳和吉利丁粉溶液。将白巧克力碎倒入碗中，加入红色和金色天然食用色素粉，用食物料理棒搅打至顺滑。用细网筛过滤。小心地将巧克力蛋从模具中取出，用剩余的调温巧克力将巧克力半球粘在一起，制成4个圆球。将圆球用牙签浸裹红色淋酱。在樱桃上摆放装饰性果柄和叶片，凝固定形后即可享用。

巧克力焦糖佛手柑夹心蛋糕

ENTREMETS CHOCOLAT CARAMEL BERGAMOTE

6~8人份

制作时间
1小时30分钟

冷藏时间
2小时

冷冻时间
4小时

存放时间
放入冰箱冷藏可保存2天

工具
直径14厘米、深4.5厘米的蛋糕圈
硅胶烤垫
即时读数温度计
电动打蛋器
慕斯喷砂机
直径16厘米、深4.5厘米的蛋糕圈
食品玻璃纸条
曲柄抹刀
装有齿形裱花嘴的裱花袋
硅胶刮刀
耐热硬胶刮勺

食材

杏仁海绵蛋糕坯
可可含量66%的黑巧克力碎 25克
黄油 25克
糖粉 30克
玉米淀粉 2.5克
蛋清 70克
杏仁含量50%的杏仁膏 45克
重质掼奶油 20毫升
细砂糖 10克

巧克力焦糖
细砂糖 50克
葡萄糖浆 40克
重质掼奶油 80毫升
盐之花 0.5克
香草荚 1/2根
黄油 50克
可可含量40%的牛奶巧克力碎 30克

巧克力慕斯
细砂糖 60克
水 25毫升
鸡蛋 150克
重质掼奶油 275毫升
可可含量64%的考维曲黑巧克力碎 230克
可可含量40%的考维曲牛奶巧克力碎 50克
黄油 55克

糖渍佛手柑
细砂糖 75克
NH果胶 8克
佛手柑泥 90克

黑巧克力绒面喷雾
可可含量66%的黑巧克力碎 100克
可可脂 100克
可可膏 50克

制作杏仁海绵蛋糕坯

将烤箱预热至160℃，将直径14厘米的蛋糕圈放在铺有硅胶烤垫的烤盘中。将黑巧克力碎和切成小块的黄油放入碗中，置于深底锅中刚刚开始冒细泡的热水上（水浴法），加热至50℃，使其化开。将糖粉和玉米淀粉一同过筛，与35克蛋清混合。将杏仁膏用刮刀搅软。将重质掼奶油加热至50℃，拌入杏仁膏中，倒入蛋清的混合物中，搅拌至融合。将剩余的蛋清和细砂糖搅打至干性发泡，轻柔地拌入面糊中，再拌入巧克力的混合物。将面糊倒入蛋糕圈中，填至三分之一处，烘烤约15分钟。放在架子上，冷却后脱模。

制作巧克力焦糖

将细砂糖和葡萄糖浆在深底锅中加热至175℃，熬成深棕色的焦糖。将香草荚纵向剖开，刮出香草籽。将重质掼奶油、盐之花和香草籽一同烧开。小心地将烧开的奶油倒入焦糖中，用刮勺不停地搅拌至顺滑。离火。当焦糖冷却至50℃时，将切成小块的室温黄油逐量加入，不停地搅拌。倒入牛奶巧克力碎，搅拌至化开且顺滑。放入冰箱冷藏2小时。

制作黑巧克力慕斯

将细砂糖和水加热至125℃。将热糖浆一点点倒入装有鸡蛋的碗中，不停地搅拌。持续搅拌直到混合物完全冷却。将重质掼奶油用电动打蛋器搅打成湿性发泡。将考维曲黑巧克力碎、考维曲牛奶巧克力碎和切成小块的黄油放入碗中，隔水加热至大约50℃。将打发的奶油拌入化开的巧克力中，然后将巧克力奶油掺入鸡蛋的混合物中，注意不要令慕斯消泡。放入冰箱冷藏，组装蛋糕时取出。

制作糖渍佛手柑

将直径14厘米的蛋糕圈放在铺有烘焙纸的烤盘中。将细砂糖和果胶在碗中混合。将佛手柑泥加热至40℃，将糖和果胶的混合物撒在果泥上，沸煮一分钟。将混合物倒入蛋糕圈中，约1厘米深。放入冰箱冷冻1小时。取出后脱模。

组装蛋糕并制作黑巧克力绒面喷雾

将直径16厘米的蛋糕圈放在烤盘中。在蛋糕圈内侧围上食品玻璃纸条。在玻璃纸上涂抹一圈约5毫米厚的巧克力慕斯。将杏仁蛋糕坯放入蛋糕圈中，然后放上冷冻糖渍佛手柑。在上面铺一层巧克力焦糖，再涂一层巧克力慕斯，用曲柄抹刀整平。放入冰箱冷冻定形2小时。

制作绒面喷雾：将食材隔水加热至化开，搅拌至顺滑。当混合物达到50℃时，倒入喷砂机中。将蛋糕从冰箱中取出，移除蛋糕圈，在蛋糕表面喷上绒面喷雾。将剩余的巧克力慕斯放入装有齿形裱花嘴的裱花袋，按照自己喜欢的方式装饰。放入冰箱冷冻1小时，取出后即可享用。

盘饰甜点

巧克力婆婆蛋糕
BABA CHOCOLAT

制作10份

制作时间
3小时

干燥时间
过夜

浸泡时间
50分钟

冷藏时间
30分钟

发酵时间
约2小时

烘烤时间
45分钟

存放时间
立即享用

工具
食品脱水机（非必需）
安装切片刀头的食物料理机
即时读数温度计
立式搅拌机
一次性裱花袋2个
直径7厘米的婆婆蛋糕模10个
磨碎器
食物料理棒
硅胶烤垫2个
细网筛
耐热硬胶刮勺

食材

金橘片和金橘粉
新鲜金橘 10个
细砂糖 65克
水 50毫升

婆婆蛋糕面团
牛奶 70毫升
鲜酵母 11克
蛋糕粉 185克
无糖可可粉 45克
盐 3克
细砂糖 15克
鸡蛋 100克
黄油 70克

香草零陵香豆糖浆
零陵香豆 7克
细砂糖 500克
水 500毫升
香草荚 2根

巧克力香缇奶油酱
重质掼奶油 350毫升
糖粉 60克
香草荚 2根
可可含量40%的牛奶巧克力碎 500克

零陵香豆焦糖
零陵香豆 10克
重质掼奶油 40毫升
香草荚 1根
细砂糖 60克

金橘酱
切除两端的新鲜金橘90克
细砂糖 10克
香草荚 1根

巧克力瓦片
水 20毫升
细砂糖 50克
葡萄糖浆 16克
可可含量66%的黑巧克力碎 18克

制作金橘片和金橘粉（提前一天准备）

将5个金橘的果皮和中果皮去除，果皮留用。将剩余的金橘横向切成薄片。在深底锅中，将糖溶于水后烧开。离火。将金橘皮和金橘片蘸上热糖浆，然后放入食品脱水机中干燥一夜（55℃）。或将烤箱预热至60~70℃，将金橘皮和金橘片放在铺有烘焙纸的烤盘中，烘烤1小时30分钟，取出后放凉。在食物料理机中，将干燥的果皮搅打成极细的粉末，放入密封容器中，将干燥的金橘片放入另一个密封容器中，待组装甜点时使用。

制作婆婆蛋糕面团

将牛奶在深底锅中加热至25℃。离火，倒入鲜酵母，搅拌至溶解。将所有的干料和鸡蛋倒入立式搅拌机的搅拌碗中，装上平搅器，先低速搅拌，一点点倒入牛奶和鲜酵母的混合物。调至中速，继续混合，直到变成光滑的面团且可以脱离碗壁。倒入切成小块的冷藏黄油，充分混合，直到面团再次可以脱离碗壁。将面团盖好，放在温暖处（25~30℃）发酵至原体积的两倍大（约45分钟）。用手掌将面团压扁，挤碎内部存留的气泡，放入裱花袋中，在冰箱冷藏30分钟。在婆婆蛋糕模内薄薄地抹一层黄油，放在有边烤盘中。剪掉裱花袋的尖端，将面团挤入模具中，填至一半处（每个模具55克面团）。将面团放在温暖处发酵，直到膨胀至模具顶部（约1小时30分钟）。将烤箱预热至170℃，烘烤约22分钟，中途需旋转烤盘。为了受热均匀，将婆婆蛋糕从烤箱中取出，翻面后再烤3分钟。将婆婆蛋糕从模具中取出后立即置于架子上，在干燥处放凉。

制作香草零陵香豆糖浆

将香草荚纵向剖开，刮出香草籽（后续步骤中对香草荚做同样处理）。将零陵香豆用磨碎器擦成细屑。将糖溶于水，与香草荚和香草籽一同烧开。离火，倒入零陵香豆细屑，盖上盖子。浸泡10分钟。用细网筛过滤后放凉至55℃。将婆婆蛋糕浸入糖浆中，浸至非常湿润但形状不变。保留剩余的糖浆，待组装甜点时使用。

制作巧克力香缇奶油酱

将重质掼奶油和糖粉在深底锅中加热。离火，拌入香草籽，浸泡约20分钟。将奶油烧开，浇在装有牛奶巧克力碎的碗中。用食物料理棒搅打至顺滑。过滤后放入冰箱冷藏，待组装甜点时使用。

制作零陵香豆糖浆

将零陵香豆用磨碎器擦成细屑。将重质掼奶油、香草籽和零陵香豆细屑在深底锅中加热。离火，浸泡20分钟。用细网筛过滤后再倒回深底锅中烧开。另取一口深底锅，将糖加热至化开，熬成深棕色焦糖。小心地将热奶油一点点倒入焦糖中，用刮勺搅至顺滑。放入冰箱冷藏，待组装甜点时使用。

制作金橘酱

将金橘、糖和香草籽在深底锅中混合。盖上锅盖，小火炖煮至金橘软烂、混合物变成果酱，用刮勺不时地搅拌。离火，放凉。捞出籽，将混合物细细切碎。放入冰箱冷藏，待组装甜点时使用。

制作巧克力瓦片

将水、糖和葡萄糖浆在大深底锅中加热至130℃。倒入黑巧克力碎，用刮勺搅拌至化开且顺滑。将混合物倒在硅胶烤垫上，彻底冷却。将烤箱预热至200℃，在烤盘中铺上干净的硅胶烤垫。将巧克力的混合物用食物料理机磨成粉，均匀地在硅胶烤垫上撒一层。烘烤10分钟。彻底放凉后掰成小块，放入密封容器中，待组装甜点时使用。

装盘

将剩余的香草零陵香豆糖浆加热。在盘底筛撒上金橘粉，将浸透糖浆的婆婆蛋糕放在中间。搅打巧克力香缇奶油酱，舀入裱花袋中，在每个婆婆蛋糕顶部挤一小堆。在上面放一小球零陵香豆焦糖，挤上第二堆香缇奶油酱，接着是金橘酱。最后挤上第三堆香缇奶油酱，并用巧克力瓦片碎和金橘片装饰。上桌前，在蛋糕底部淋上一圈热糖浆即可。

白巧克力椰子和百香果甜点

CHOCOLAT BLANC, NOIX DE COCO ET PASSION

制作10份

制作时间
1小时30分钟

冷藏时间
2小时

冷冻时间
4小时

烘烤时间
12分钟

存放时间
立即享用

工具
即时读数温度计
电动打蛋器
直径2厘米和直径3厘米的球形模具
边长16厘米、深4.5厘米的方形蛋糕框
直径3厘米和直径4厘米的圆形饼干模
食物料理棒
硅胶刮刀

食材

百香果慕斯
吉利丁粉 7克
冷水 42毫升
百香果泥 180克
白巧克力碎 50克
重质掼奶油 220毫升

椰子冻
椰子水 200毫升
椰子糖 20克
琼脂 2克

椰子海绵蛋糕坯
椰子糖 125克
无糖椰蓉 75克
蛋黄 40克
鸡蛋 60克
面粉 60克
蛋清 140克

白巧克力甘纳许
吉利丁粉 1克
冷水 6毫升
重质掼奶油 250毫升
白巧克力碎 65克

椰子瓦片
水 160毫升
面粉 15克
椰子油 60毫升

百香果淋酱
椰子糖 20克
琼脂 2克
百香果泥 200克

装饰
百香果子 2个量
椰肉薄片 1个量

制作百香果慕斯

将吉利丁粉溶于冷水中。同时，将百香果泥在深底锅中加热至50℃。拌入吉利丁粉溶液。将混合物倒在装有白巧克力碎的碗中，搅拌至顺滑。放入冰箱冷藏，直到混合物冷却至16℃，其间需频繁测温。将重质掼奶油用电动打蛋器搅打至湿性发泡，轻柔地拌入百香果的混合物中。将慕斯倒入球形模具中，放入冰箱冷冻至少4小时。

制作椰子冻

在有边烤盘中铺上烘焙纸，再放上蛋糕框。将椰子水、椰子糖和琼脂在深底锅中烧开。将混合物倒入蛋糕框中，约1厘米深，放入冰箱冷藏定形2小时。取出后，将凝固成形的椰子冻切成小方块。

制作椰子海绵蛋糕坯

将烤箱预热至190℃，在烤盘中铺上烘焙纸，再放上蛋糕框。将75克椰子糖和无糖椰蓉在大碗中混合。加入蛋黄和鸡蛋，用电动打蛋器搅打至浓稠。轻柔地用刮刀拌入面粉。将蛋清和剩余的椰子糖一同搅打至干性发泡，拌入面糊中。在蛋糕框中均匀地涂开，烘烤12分钟。取出后放凉，用饼干模切成5个直径3厘米和5个直径4厘米的圆片。

制作白巧克力甘纳许

将吉利丁粉溶于冷水中。同时，将125毫升重质掼奶油在深底锅中加热至50℃。拌入吉利丁粉溶液。将热奶油浇在装有白巧克力碎的碗中，搅拌至顺滑。拌入剩余的重质掼奶油，在表面覆上保鲜膜，放入冰箱冷藏，待组装甜点时使用。

制作椰子瓦片

将水和面粉拌在一起，制成细腻顺滑的面糊。掺入椰子油。在烧热的煎锅中薄薄地浇一层面糊（约100克），加热成金黄色的蕾丝薄片。放在纸巾上，重复以上步骤，用完剩余的面糊。静置待用。

制作百香果淋酱

将椰子糖、琼脂混合，与百香果泥一起倒入深底锅中烧开。倒入碗中，放入冰箱冷藏定形2小时。凝固后，用食物料理棒搅打成凝胶状。倒回深底锅中加热至40℃。立即使用。

装盘

将冷冻的百香果慕斯球浸裹上热百香果淋酱。将所有的甜点组成部分诱人地摆放在盘中，最后装饰上百香果子和椰子片。

巧克力黑莓和芝麻甜点

CACAO MÛRE SÉSAME

制作10份

制作时间
1小时30分钟

冷藏时间
过夜+2小时

冷冻时间
4小时

烘烤时间
1小时50分钟

存放时间
立即享用

工具
细网筛
硅胶刮刀
食物料理棒
即时读数温度计
自选模具
装有直径10毫米圆形裱花嘴的裱花袋
一次性裱花袋 2个
边长16厘米的方形蛋糕框
电动打蛋器

食材

黑芝麻空气甘纳许
吉利丁粉 2克
冷水 10毫升
重质掼奶油 500毫升
黑芝麻 30克
可可含量35%的考维曲黑巧克力碎 125克

巧克力慕斯
水 15毫升
细砂糖 45克
蛋黄 60克
鸡蛋 25克
重质掼奶油 200毫升
可可含量66%的考维曲黑巧克力碎 150克

黑莓凝胶
细砂糖 20克
琼脂 3克
黑莓泥 200克
柠檬汁 10毫升

巧克力蛋白酥
蛋清 50克
细砂糖 50克
糖粉 30克
无糖可可粉 20克

可可海绵蛋糕坯
材料参见第241页

巧克力小泡芙球
材料参见第210页

黑巧克力涂层
可可含量70%的考维曲黑巧克力碎 100克
黑巧克力淋酱 40克
葡萄子油 10毫升
可可脂 20克

装饰
无糖可可粉 100克
新鲜黑莓 100克
带幼嫩叶片的紫苏小枝

制作黑芝麻空气甘纳许（提前一天准备）

将吉利丁粉溶于冷水中。同时，将250毫升重质掼奶油和黑芝麻在深底锅中加热，浸泡5分钟。用食物料理棒搅拌，再用细网筛过滤。混合物总量应为250毫升，如果需要，可以再额外添加一些重质掼奶油。将混合物倒回深底锅中，加热至50℃。拌入吉利丁粉溶液直到溶解。将热奶油浇在装有黑巧克力碎的碗中，用食物料理棒搅打成顺滑的甘纳许。拌入剩余的250毫升重质掼奶油，用刮刀混合均匀。覆上保鲜膜，与表面齐平，放入冰箱冷藏过夜。第二天，搅打成膨松充满空气的甘纳许。

制作巧克力慕斯

在深底锅中，将水和糖加热至117℃。将蛋黄和鸡蛋搅打至发白浓稠。在鸡蛋的混合物中以细流的方式一点点倒入热糖浆，不停地搅拌，制作成炸弹面糊。放凉至35℃。将重质掼奶油搅打至湿性发泡。另取一口深底锅，将巧克力加热至45℃，使其化开，然后拌入打发的奶油。用刮刀轻柔地拌入炸弹面糊，注意不要使慕斯消泡。将慕斯倒入自选模具中，冷冻至少4小时。

制作黑莓凝胶

将糖和琼脂混合，与黑莓泥一起倒入深底锅中烧开。拌入柠檬汁，然后倒入碗中，放入冰箱冷藏定形2小时。凝固后，用食物料理棒搅打成凝胶状。

制作巧克力蛋白酥

将烤箱预热至90℃，在烤盘中铺上烘焙纸。将蛋清搅打至湿性发泡，一点点加入糖，继续搅打至干性发泡。将糖粉和无糖可可粉一同过筛，轻柔地拌入打发的蛋白霜中。将蛋白霜舀入一次性裱花袋中，剪掉尖端，在烤盘中挤出一些小团蛋白霜。烘烤1小时30分钟，取出后在干燥处放凉备用。

制作可可海绵蛋糕坯

将烤箱温度调高至180℃，在烤盘中铺上烘焙纸，放上蛋糕框。将海绵蛋糕坯面糊倒入蛋糕框内，烘烤15~20分钟。

制作巧克力小泡芙球

将烤箱温度调低至170℃，在另一个烤盘中铺上烘焙纸。将泡芙面糊倒入一次性裱花袋中，剪掉尖端，在烤盘中挤出15个直径3厘米的泡芙面糊，烘烤30~40分钟。

制作黑巧克力涂层

在深底锅中，将黑巧克力碎和黑巧克力淋酱加热至35℃，使其化开，然后倒入葡萄子油。另取一口深底锅，将可可脂加热至40℃，使其化开。拌入巧克力淋酱的混合物中，直到完全融合。

装盘

在每个小泡芙球的底部戳一个小洞，然后在带有圆形裱花嘴的裱花袋中装上甘纳许，挤入泡芙中。将成形的冰冻巧克力慕斯浸裹上巧克力涂层，再滚上一层无糖可可粉作为装饰。将巧克力海绵蛋糕坯切成长8厘米、宽2厘米的长条（根据盘子的大小确定）。在每个盘子中放上海绵蛋糕坯条，再将甜点的其他组成部分按照自己喜欢的方式摆放在周围。最后用几颗黑莓和带叶紫苏小枝装饰即可。

巧克力山核桃酥皮卷

MILLE-FEUILLE TUBE CHOCOLAT PÉCAN

制作10份

制作时间
1小时30分钟

冷藏时间
1小时

烘烤时间
30分钟

存放时间
立即享用

工具
长10厘米、宽8厘米的带图案长方形烤垫
直径4厘米的金属筒状物 10个
直径5厘米的金属筒状物 10个
即时读数温度计
食物料理棒
一次性裱花袋 3个
食物料理机

食材

巧克力酥皮卷
揉捏黄油
面粉 150克
乳脂含量84%的冷藏黄油 390克
无糖可可粉 95克
水面团
盐 8克
水 150毫升
白醋 5毫升
面粉 350克
黄油 110克
无糖可可粉 20克

巧克力奶油酱
重质掼奶油 280毫升
低脂牛奶 280毫升
蛋黄 110克
细砂糖 35克
可可膏 15克
可可含量64%的黑巧克力碎 270克

山核桃杏仁糖膏
细砂糖 260克
有盐黄油 85克
香草荚 1根
焙烤的山核桃 65克

马斯卡彭干酪奶油
吉利丁粉 4克
冷水 30毫升
重质掼奶油 410毫升
香草荚 1根
蛋黄 30克
细砂糖 25克
马斯卡彭干酪 60克

装盘
巧克力浇汁（做法见第52页）
黑巧克力装饰（做法见第110~123页）
巧克力冰淇淋（食谱见第286页）

制作巧克力酥皮卷

先制作揉捏黄油：用双手的掌根将面粉、黄油和无糖可可粉揉和在一起。擀成长方形，盖上保鲜膜，放入冰箱冷藏约20分钟。用给出的水面团食材，按照以下改进的方法，制作传统的5折千层派皮（做法见第66页）：将白醋、水和盐混合，在步骤1中添加无糖可可粉；在步骤3中混入揉捏黄油。将烤箱预热至180℃，在烤盘中铺上烘焙纸。给直径4厘米的金属筒状物裹上烘焙纸。用带图案的烤垫将派皮割成10个长10厘米、宽8厘米的长方形，包在筒状物外的烘焙纸上。将派皮的接口处压实封紧。将其放入直径5厘米的筒状物中，这样派皮烘烤后会形成卷状。放在烤盘中烘烤30分钟。

制作巧克力酱

在深底锅中，将重质掼奶油和低脂牛奶烧开。同时，将蛋黄和糖搅打至发白浓稠。拌入一点热奶油和牛奶的混合物，再倒回深底锅中。用刮勺不停地搅拌，将蛋奶酱加热至83~85℃，直到可以裹住勺背。将可可膏和黑巧克力碎在碗中混合，分三次拌入蛋奶酱，用食物料理棒搅打至顺滑膨松。将混合物舀入裱花袋中，放入冰箱冷藏，待组装甜点时取出。

制作山核桃杏仁糖膏

将细砂糖在深底锅中加热至173℃，不要加水，直到化开并焦糖化。将香草荚纵向剖开，刮出香草籽。用切成片的黄油去除粘在锅壁的糖粒，然后倒入香草籽。拌入山核桃后放凉备用。用装有刀片的食物料理机将其处理成细腻的膏状物，放入裱花袋中待用。

制作马斯卡彭干酪奶油

将吉利丁粉溶于冷水中。将香草荚纵向剖开，刮出香草籽，将120毫升重质掼奶油和香草籽在深底锅中烧开。将蛋黄和糖搅打至发白浓稠，然后拌入一点热奶油。将混合物倒回深底锅中加热，不停地搅拌，直到蛋奶酱可以裹住勺背。拌入吉利丁粉溶液，放入冰箱冷藏降温。将剩余的重质掼奶油和马斯卡彭干酪搅打至湿性发泡。当蛋奶糊的温度降至20℃时，轻柔地拌入打发的干酪奶油中。放入裱花袋中待用。

组装并装盘

分别剪掉三个裱花袋的尖端。将巧克力奶油酱挤入酥皮卷中，填至一半处。在巧克力奶油酱上挤山核桃杏仁糖膏，填至剩余空间的四分之一处。用巧克力奶油酱填满酥皮卷，整平末端。装盘时，在每个盘子中都倒上一点巧克力浇汁。将酥皮卷竖着放在巧克力浇汁中，在顶部挤上一小团马斯卡彭干酪奶油。最后装饰上自己喜欢的巧克力形状，再在一侧放上梭形巧克力冰淇淋即可。

冰点

巧克力冰淇淋

CRÈME GLACÉE AU CHOCOLAT

6~8人份

制作时间

40分钟

熟化时间

4~12小时

存放时间

冷冻可保存2周

工具

即时读数温度计
细网筛
食物料理棒
冰淇淋机
冰淇淋盛装盒

食材

脱脂奶粉 32克
蔗糖 150克
稳定剂 5克
可可膏 40克
可可含量66%的考维曲黑巧克力碎（最好为法芙娜巧克力）75克
乳脂含量3.6%的全脂牛奶 518毫升
重质掼奶油 200毫升
转化糖 45克
蛋黄 40克

将脱脂奶粉、蔗糖和稳定剂混合。将装有可可膏和考维曲黑巧克力碎的碗置于深底锅中刚开始冒细泡的热水上（水浴法）。

在另一口深底锅中，将全脂牛奶、重质掼奶油和转化糖加热。当温度升至35℃时，倒入奶粉、蔗糖和稳定剂的混合物。当温度达到40℃时，加入蛋黄。在85℃下持续熬煮约1分钟。加入化开的巧克力混合物，用食物料理棒搅拌均匀，然后用细网筛过滤。

将混合物倒入容器中，放入冰箱迅速降温。在4℃的环境中，熟化4~12小时。

根据制造商提供的说明书，将混合物放入冰淇淋机搅拌前，再搅拌一次。

将冰淇淋舀入盒中，抹平表面，先在-35℃的环境下急冻，然后在-20℃的条件下保存。

瑞士巧克力冰淇淋

STRACCIATELLA

4杯（1升）

制作时间
40分钟

煨煮时间
40分钟

熟化时间
至少4小时

存放时间
放入密封盒冷冻，
可保存2周

工具
即时读数温度计
食物料理棒
细网筛
硅胶刮刀
冰淇淋机
冰淇淋盛装盒

食材
未开封的无糖炼乳 50克
全脂牛奶 570毫升
重质掼奶油 150毫升
黄油 15克
脱脂奶粉 20克
细砂糖 150克
葡萄糖粉 25克
右旋糖 25克
稳定剂 4克
巧克力卷 200克（做法见第112页）

将未开封的整罐无糖炼乳放入装有热水的盆中（水浴法），煨煮30分钟（请参考名厨笔记）。

在深底锅中，开始加热全脂牛奶、重质掼奶油、黄油和隔水加热后的无糖炼乳。

在搅拌碗中，将脱脂奶粉、细砂糖、葡萄糖粉、右旋糖和稳定剂混合在一起。

当牛奶的混合物达到45℃时，拌入奶粉的混合物，然后继续熬煮，不停地搅拌，直到温度达到85℃。

将混合物倒入密封容器中，放入冰箱冷藏熟化，至少4小时。

用细网筛过滤，然后用食物料理棒搅拌。

根据制造商提供的说明书，将混合物放入冰淇淋搅拌机制作。

用刮刀小心地拌入巧克力卷。将冰淇淋放入冰淇淋盛装盒中冷冻，享用时取出即可。

名厨笔记 CHEFS' NOTES

- 将炼乳直接在罐中加热，由于乳糖的关系，可以让牛奶变得浓稠且焦糖化。要确保加热的过程中罐体始终浸没在水里，同时注意要待凉透后再开封。

巧克力脆皮冰淇淋雪糕

ESQUIMAUX

制作10根

制作时间
2小时

熟化时间
12小时或过夜

冷冻时间
至少3小时

定形时间
约20分钟

存放时间
裹好放入冰箱冷冻，可保存2周

工具
即时读数温度计
食物料理棒
冰淇淋机
冰淇淋盛装盒
雪糕模
雪糕棒

食材

可选雪糕内核
巧克力冰淇淋
脱脂奶粉 32克
蔗糖 150克
稳定剂 5克
乳脂含量3.6%的全脂牛奶 518毫升
重质掼奶油 200毫升
转化糖 45克
蛋黄 40克
可可膏 40克
可可含量66%的考维曲黑巧克力碎（最好为法芙娜巧克力）75克
巧克力雪葩
可可含量70%的黑巧克力碎 325克
水 1升
脱脂奶粉 20克
细砂糖 250克
蜂蜜 50克

可选巧克力涂层
黑巧克力涂层
可可含量64%考维曲黑巧克力碎 250克
葡萄籽油 65毫升
杏仁碎或杏仁片（非必需）40克
牛奶巧克力涂层
考维曲牛奶巧克力 250克
葡萄籽油 65毫升
杏仁碎或杏仁片（非必需）40克

名厨笔记 CHEFS' NOTES

· 制作前，可以将雪糕模先放入冰箱冷冻，避免冰淇淋或雪葩在装模的过程中过快融化。

制作巧克力冰淇淋

使用给出的食材，制作巧克力冰淇淋（做法见第286页）。

制作巧克力雪葩

将装有黑巧克力碎的碗置于锅中刚开始冒细泡的热水上（水浴法）。在深底锅中，将水、脱脂奶粉、糖和蜂蜜烧开，然后继续沸煮2分钟。将这种牛奶糖浆的三分之一淋入化开的黑巧克力中。用刮刀混合，以划小圈的方式快速搅拌融合，这样中心会变得富有弹性和光泽。按照相同的方式，再混合三分之一的糖浆，然后是最后三分之一。用食物料理棒搅打数秒，直到混合物变得顺滑并完全乳化。将混合物倒回深底锅中加热至85℃，不停搅拌。放凉，倒入密封容器中，放入冰箱熟化至少12小时或过夜。再次快速搅拌，然后倒入冰淇淋机中。根据制造商提供的说明书制作。将冰淇淋倒入冰淇淋盒中，放入冰箱冷冻20分钟。

制作雪糕内核

将冰淇淋或雪葩舀入雪糕模中，插入雪糕棒。放回冰箱冷冻至少3小时，直到凝固定形。

制作巧克力涂层

将盛有巧克力的碗置于深底锅中刚开始冒细泡的热水上（水浴法），加热至40℃。拌入葡萄子油，再倒入杏仁碎或杏仁片。

组装雪糕

将冰淇淋雪糕从模具中取出，蘸上你喜欢的巧克力涂层。平放在铺有烘焙纸的烤盘中，然后放入冰箱冷冻至少20分钟凝固定形。从冷冻室取出放入冷藏室，几分钟后即可享用。

巧克力冰淇淋甜筒

CÔNES AU CHOCOLAT

制作10根

制作时间

2小时

熟化时间

4~12小时

烘烤时间

10分钟

定形时间

约10分钟

存放时间

冰淇淋放入冰箱冷冻，甜筒放入密封盒中置于阴凉处，可保存2周

工具

即时读数温度计
细网筛
冰淇淋机
冰淇淋盛装盒
立式搅拌机
长60厘米、宽40厘米的烤盘
硅胶烤垫
冰淇淋挖球勺

食材

巧克力冰淇淋
脱脂奶粉 32克
蔗糖 150克
稳定剂 5克
乳脂含量3.6%的全脂牛奶 518毫升
重质掼奶油 200毫升
转化糖 45克
蛋黄 40克
可可膏 40克
可可含量66%的考维曲黑巧克力碎（最好为法芙娜巧克力）75克

巧克力冰淇淋甜筒
糖粉 400克
蛋清 250克
黄油 250克
面粉 100克
无糖可可粉 100克

装饰
调温黑巧克力 适量（做法见第26~31页）
焙烤芝麻粒 20克

制作巧克力冰淇淋

使用给出的食材，制作巧克力冰淇淋（做法见第286页）。

制作巧克力甜筒

给立式搅拌机装上平搅器，将糖粉和三分之一的蛋清在搅拌碗中混合，然后打入剩余的蛋清。将黄油加热至40℃。将面粉和无糖可可粉过筛，倒入搅打好的蛋白混合物中。拌入化开的黄油。将烤箱预热至170℃。在烤盘中铺上硅胶烤垫，薄而均匀地抹上一层面糊。烘烤8~10分钟，如果需要，可以分两批烘烤，因为甜筒皮需要柔软易弯才能制成圆锥形。一旦从烤箱中取出后，立即切成边长20厘米的正方形，然后沿对角线切开，获得三角形。从烤垫上小心地拿起每个三角形，滚成圆锥形。放凉使其变硬。一旦变硬，将每个甜筒的顶部边缘蘸上调温巧克力，然后滚上焙烤芝麻粒。静置凝固定形。

组装冰淇淋甜筒

用冰淇淋挖球勺，在每个甜筒内放2个冰淇淋球。如果愿意，可以淋上一点巧克力浇汁（做法见第52页）。立即享用即可。

名厨笔记 CHEFS' NOTES

- 甜筒必须趁其柔软的时候塑形，可以制作硬纸板圆锥形，然后将烤好的甜筒皮裹在上面，起到支撑和防止冷却后塌陷变形的作用。在硬纸板圆锥形上包裹薄薄刷油的铝箔纸，方便取下甜筒。

巧克力杏仁瓦什寒

VACHERIN CHOCOLAT ET AMANDE

8人份

制作时间

2小时

烘烤时间

2小时

熟化时间

12小时或过夜

冷冻时间

至少3小时

存放时间

立即享用或者放入密封盒中冷冻，可保存2周

工具

立式搅拌机
即时读数温度计
硅胶烤垫
装有直径12毫米圆形裱花嘴的裱花袋
装有圣奥诺雷裱花嘴的裱花袋
食物料理棒
冰淇淋机
深4.5厘米的蛋糕圈（直径分别为14厘米、16厘米和18厘米）
食品玻璃纸
直径12厘米的饼干模
硅胶刮刀
细网筛
耐热硬胶刮勺

食材

巧克力蛋白酥
细砂糖 180克
转化糖 20克
蛋清 100克
无糖可可粉 40克

杏仁冰淇淋
全脂牛奶 600毫升
杏仁含量50%的杏仁膏 200克
脱脂奶粉 25克
细砂糖 10克
稳定剂 3.2克
转化糖 35克
重质掼奶油 50毫升

牛奶巧克力芭菲
细砂糖 95克
蛋清 120克
重质掼奶油 380毫升
可可含量40%的牛奶巧克力碎 400克

淋酱
水 60毫升
细砂糖 60克
葡萄糖浆 60克
吉利丁粉 5克
甜炼乳 40毫升
可可含量64%的黑巧克力碎 60克

黑巧克力甘纳许
重质掼奶油 200毫升
转化糖 20克
可可含量64%的黑巧克力 150克

装饰
水 10毫升
细砂糖 20克
杏仁 50克
黑巧克力 200克
可食用金粉 5克

制作巧克力蛋白酥

将细砂糖、转化糖和蛋清放入立式搅拌机的搅拌碗中，将其置于深底锅中刚开始冒细泡的水上（水浴法），加热至40℃，不停地搅拌。在烤盘中铺上硅胶烤垫。将烤箱预热至80℃。将搅拌碗放回装有打蛋笼的立式搅拌机上，将混合物搅打冷却至室温。拌入过筛的无糖可可粉，用刮刀轻柔地翻拌。用装有圆形裱花嘴的裱花袋，挤出2个直径16厘米的圆片，以及大约20个5厘米左右的水珠状外壳作为装饰。烘烤2小时。

制作杏仁冰淇淋

将全脂牛奶分成二等份。在深底锅中，将其中一半加热至50℃。将事先切碎并用微波炉软化的杏仁膏放入立式搅拌机的搅拌碗中，给立式搅拌机装上平搅器。倒入热牛奶，搅拌至混合物呈流质。将另一半牛奶倒入深底锅中，加热至50℃，放入脱脂奶粉、细砂糖、稳定剂、转化糖和重质掼奶油，搅拌混合后烧开。倒入杏仁膏和牛奶的混合物中，用食物料理棒混合。放入冰箱熟化12小时。取出后再次用食物料理棒搅拌，接着放入冰淇淋机中。根据制造商提供的说明书制作，做好后直接开始组装。

制作牛奶巧克力芭菲

将细砂糖和蛋清放入立式搅拌机的搅拌碗中，将其置于深底锅中刚开始冒细泡的热水上（水浴法），加热至40℃，不停地搅拌，制成瑞士蛋白霜。将搅拌碗放回立式搅拌机上，将蛋白霜搅打冷却至室温。将重质掼奶油搅打至湿性发泡。将装有牛奶巧克力碎的碗置于深底锅中刚开始冒细泡的水上，加热至45℃。将巧克力与三分之一打发的奶油混合，然后拌入蛋白霜和剩余的打发奶油。将混合物倒入直径14厘米的蛋糕圈中，填至约2厘米处。放入冰箱冷冻，待组装时取出。

制作淋酱

要获得最佳的质感，可以试着提前一天准备。在深底锅中，将30毫升水、细砂糖和葡萄糖浆加热至103℃。将吉利丁粉溶解于剩余的水中。将甜炼乳和吉利丁粉溶液倒入糖和葡萄糖浆的混合物中。浇在黑巧克力碎上，等待几分钟，然后用食物料理棒搅拌，接着用细网筛过滤。这种淋酱在浇淋时的温度应该为28℃。

制作黑巧克力甘纳许

使用给出的食材，制作黑巧克力甘纳许（做法见第46页）。

制作装饰

将烤箱预热至130℃。在搅拌碗中，将水、细砂糖和杏仁混合在一起。涂抹在不粘烤盘中，烘烤30分钟，取出后放凉。将黑巧克力调温（做法见第26~31页）。将其中一些调温巧克力倒在食品玻璃纸上，用刮勺涂抹均匀成二三毫米厚。用刮勺轻拍表面，制作出纹理效果。用饼干模切割出一个圆片，静置定形20分钟。将一半蛋白酥的顶部浸裹上调温巧克力作为装饰，静置定形。

组装瓦什寨

将直径18厘米的蛋糕圈放入冰箱冷冻约1小时，这样蛋糕的不同组成部分不会在组装的过程中化掉。将蛋白酥圆片放在冷冻后的蛋糕圈底部。在蛋糕圈内壁涂抹一圈2厘米厚的杏仁冰淇淋。将芭菲放在中间，在上面摆放第二片蛋白酥圆片，涂上杏仁冰淇淋。放入冰箱冷冻至少2小时（最好过夜）。小心地移除蛋糕圈，给蛋糕浇上淋酱，在外圈交替地装饰上浸裹和未浸裹巧克力的蛋白酥。两种蛋白酥之间需留出足够的空间，用装有圣奥诺雷裱花嘴的裱花袋在中间挤一点甘纳许。将巧克力圆片放在中心的顶部。冷冻后风味最佳，享用前在杏仁上撒金粉，点缀在蛋糕上即可。

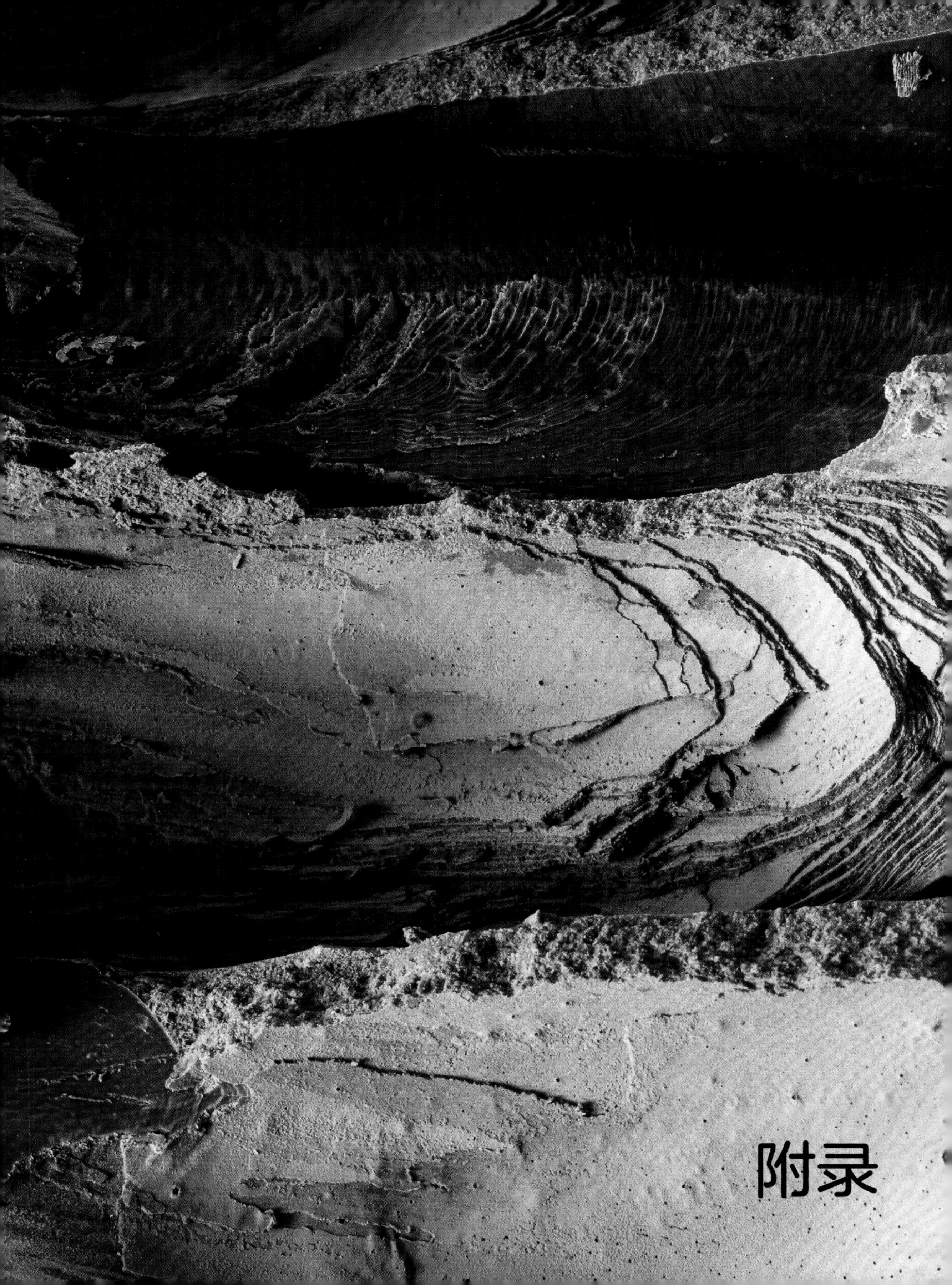

附录

基础性建议

制作甜点时（尤其是制作巧克力），细心地称量食材是确保品相和口味的关键。本书中的配方均使用公制计量单位，总体上非常精确。糕点师和巧克力师基本上都会用秤来谨慎精确地称量所用的食材，来保证完美成品的统一稳定。公制计量要转换成杯、勺和英制单位也要尽可能力求精准，不过所有的转换都会有一定程度的四舍五入，来避免不便或不可测的用量。因此，最好的方式就是使用电子秤和公制重量单位。如果你还是倾向于使用杯或勺，请记得一定要保持水平状态。

黄油

使用黄油时，请尽可能选择乳脂含量高的产品（乳脂含量最好不低于82%），乳脂含量越高，黄油中的水分就越少，做出的奶油酱和甘纳许更细腻，味道更醇厚，外皮也更酥脆。乳脂含量高的黄油更适合制作多层的面皮，比如可颂和酥皮类糕点，这类食谱中的黄油，要求乳脂含量不能低于84%。

奶油

除非特别说明，本书所用奶油的乳脂含量至少为35%。乳脂含量越高，奶油越浓稠，也就越容易打发，与加热后的食材混合时不容易凝结。标签为"重奶油"（Heavy cream）、"重质掼奶油"（Heavy whipping cream）（美国常用此说法）或"双倍奶油"（double cream）、"稀奶油"（whipping cream）（英国常用此说法）的，即为乳脂含量高的奶油。

干焦糖

焦糖有两种主要的制作方法：干焦糖和湿焦糖。干焦糖是直接在锅中熬糖，使其焦糖化，而湿焦糖则需要先将糖溶于水，然后再熬至焦糖化。本书中的食谱中多使用干焦糖法。将糖倒入厚底锅中，小火加热，直到糖完全化开。不要搅拌，但可以不时地转锅，这样糖就可以均匀地化开。当形成透明顺滑的糖浆时，继续熬制成金色的焦糖。一旦焦糖熬出理想的颜色时，立即从锅中倒出（浇在混合物上、倒入隔热碗中或倒在铺好内衬的烤盘中），否则，焦糖颜色会越来越深，会烧焦并带有苦味。干焦糖具有延展性，尤其适合制作螺旋形、鸟巢和其他类似的装饰。

鸡蛋

本书食谱中所用的蛋为母鸡蛋。由于糕点制作要求精准，本书中鸡蛋的用量都给出了重量。称量有助于做出成功的甜点。

鲜酵母

可以在商品种类齐全的超市冷藏区或网上购买，也可以垂询家附近的面包店或比萨店。如果实在买不到，可以用食谱中鲜酵母重量50%的活性干酵母或40%的即溶酵母代替，使用时参照包装上的说明即可。

温度计

精准灵敏的温度计是成功制作巧克力的必备工具。红外线温度计可以立即测量出表面温度，最适合制作调温巧克力时使用。即时读数电子温度计是本书食谱中经常用到的，也是一个很好的选择。

吉利丁

吉利丁分为片状和粉状，二者可以互相替代使用。使用前，粉末和片状的吉利丁都需要先与水结合，然后再完全溶于温热的液体中（温度不能超过70℃）。对于吉利丁片来说，浸泡在装有冷水的碗中约5分钟至软化。变软后，挤掉多余的水分。放入制作的混合物中，混合物必须是热的但不能是滚烫的，过热会使吉利丁的凝固定形属性大打折扣，搅拌至吉利丁化开并完全融合。对于吉利丁粉而言，干的小颗粒需要浸泡在经过称量的冷的液体中（通常是水）。本书食谱中所用的水量为吉利丁粉重量的6倍。将水倒在碗中，撒入吉利丁粉以便均匀散开。浸泡5~10分钟，小颗粒会吸收液体而膨胀。隔水加热，注意不要烧开，直到吉利丁完全化开，然后添加到制作的混合物中。

索引

糕点索引

巧克力酱与浇汁

面团和面包

巧克力糖果和巧克力小食

模制和手浸巧克力

巧克力块

巧克力风味饮料

巧克力经典

小蛋糕和甜点

蛋糕和庆贺蛋糕

盘饰甜点

冰点

技巧与技法索引

装饰

感谢

感谢玛琳娜·莫哈女士（Marine Mora）和麦特法·布尔热集团（Matfer Bourgeat）提供工具和设备。
地址：法国丁香镇绿毯街9号，邮编93260（9 rue du Tapis Vert,93260 Les Lilas）
电话：+33(0)1 43 62 60 40
www.matferbourgeat.com

图书在版编目（CIP）数据

巴黎费朗迪学院巧克力宝典 / 法国巴黎费朗迪学院著；邢彬译. —北京：中国轻工业出版社，2021.3
ISBN 978-7-5184-2835-9

Ⅰ. ①巴… Ⅱ. ①法… ②邢… Ⅲ. ①巧克力糖—制作 Ⅳ. ①TS246.5

中国版本图书馆CIP数据核字（2019）第278794号

Design and Typesetting: Alice Leroy
Editorial Collaboration: Estérelle Payany
Project Coordinator, FERRANDI Paris: Audrey Janet
Pastry Chefs, FERRANDI Paris: Stévy Antoine and Carlos Cerqueira
Editor: Clélia Ozier-Lafontaine, assisted by Claire Forcinal

责任编辑：王晓琛　　责任终审：劳国强　　整体设计：锋尚设计
策划编辑：高惠京　　责任校对：晋　洁　　责任印制：张京华

出版发行：中国轻工业出版社（北京东长安街6号，邮编：100740）
印　　刷：北京博海升彩色印刷有限公司
经　　销：各地新华书店
版　　次：2021年3月第1版第1次印刷　印数：1-3000
开　　本：787×1092　1/16　印张：19
字　　数：450千字
书　　号：ISBN 978-7-5184-2835-9　定价：178.00元
邮购电话：010-65241695
发行电话：010-85119835　传真：85113293
网　　址：http://www.chlip.com.cn
Email：club@chlip.com.cn
如发现图书残缺请与我社邮购联系调换
191089S1X101ZYW